Ahorrar para crecer

Guía para los responsables de las políticas de intensificación sostenible de la producción agrícola en pequeña escala

ORGANIZACIÓN DE LAS NACIONES UNIDAS PARA LA AGRICULTURA Y LA ALIMENTACIÓN
Roma, 2011

ISBN 978-92-5-306871-5

Prólogo

La Revolución Verde en la agricultura, que se extendió por una gran parte del mundo en desarrollo durante la década de 1960, salvó a cerca de 1 000 millones de personas de la hambruna. Gracias a las variedades de cultivos de alto rendimiento, el riego, los productos agroquímicos y las técnicas de gestión modernas, los agricultores de los países en desarrollo aumentaron la producción de alimentos desde 800 millones de toneladas en 1961 hasta más de 2 200 millones de toneladas en 2000. La producción agrícola intensiva ayudó a reducir el número de personas subnutridas, a impulsar el desarrollo rural y a evitar la destrucción de los ecosistemas naturales para abrir paso a la agricultura extensiva. Sin embargo, tales hitos tuvieron efectos negativos. En muchos países, el cultivo intensivo practicado durante décadas ha degradado las tierras fértiles y agotado las aguas subterráneas, provocado la reactivación de plagas, erosionado la biodiversidad y contaminado el aire, el suelo y el agua. A medida que la población aumenta hasta los 9 200 millones de personas previstos para 2050, no nos queda más remedio que intensificar ulteriormente la producción agrícola. No obstante, la tasa de incremento del rendimiento de los principales cereales está disminuyendo y los agricultores se enfrentan a una serie de desafíos interconectados sin precedentes, a saber, la mayor competencia por la tierra y el agua, el incremento de los precios del combustible y los fertilizantes y las repercusiones del cambio climático.

El paradigma actual de la producción agrícola intensiva no puede hacer frente a los retos del nuevo milenio. Para crecer, el sector agrícola debe aprender a *ahorrar*. Considérese, por ejemplo, el costo oculto de la labranza repetida. Al alterar la estructura del suelo, la labranza intensiva ocasiona la pérdida de nutrientes, humedad y productividad. Más agricultores podrían ahorrar recursos naturales, tiempo y dinero si adoptasen la agricultura de conservación, técnica que reduce al mínimo la labranza, protege la superficie del suelo y alterna los cereales con las leguminosas, que enriquecen el suelo. Estas simples prácticas ayudan a reducir el agua que necesitan los cultivos un 30% y los costos energéticos de la producción hasta un 60%. En los ensayos realizados en África austral multiplicaron por seis el rendimiento del maíz. La combinación de la agricultura de conservación y el riego de precisión produce más cultivos a partir de menos agua. Los agricultores pueden reducir la cantidad de fertilizantes necesarios adoptando la "aplicación de precisión", la cual duplica la cantidad de nutrientes absorbidos por las plantas. El empleo racional de los insecticidas puede salvar a los depredadores de las plagas e interrumpir el ciclo de resistencia a las mismas. El ahorro de productos agroquímicos y el fomento de los agroecosistemas saludables permitirían a las familias agrícolas de ingresos bajos de los países en desarrollo —unos 2 500 millones de personas— ampliar al máximo el rendimiento de sus cultivos e invertir los ahorros en su salud y educación.

Este nuevo paradigma de la agricultura es la intensificación sostenible de la producción agrícola (ISPA), que se puede resumir en la expresión "ahorrar para crecer". La intensificación sostenible consiste en una agricultura productiva que conserva y mejora los recursos naturales. Emplea un enfoque ecosistémico que se basa en la contribución de la naturaleza al crecimiento de los cultivos —materia orgánica del suelo, regulación del caudal del agua, polinización y depredación natural de las plagas— y aplica insumos externos apropiados en el momento preciso y en la cantidad adecuada. Los sistemas agrícolas dirigidos a "ahorrar para crecer" ofrecen beneficios ambientales, económicos y en materia de productividad demostrados. Al analizar el desarrollo agrícola en 57 países de ingresos bajos se constató que la agricultura ecosistémica generó un aumento medio del rendimiento de cerca del 80%. La agricultura de conservación, practicada en más de 100 millones de hectáreas de todo el mundo, contribuye a la mitigación del cambio climático captando en el suelo millones de toneladas de carbono al año.

La ISPA representa un gran cambio desde el modelo homogéneo de producción agrícola hasta los sistemas agrícolas que requieren muchos conocimientos y que, a menudo, son específicos del lugar en que se aplican. Para ponerla en práctica habrá que prestar apoyo notable a los agricultores tanto para poner a prueba nuevas prácticas como para adaptar las técnicas correspondientes. Los gobiernos tendrán que reforzar los programas nacionales de conservación de los recursos fitogenéticos, fitomejoramiento y distribución de semillas con el fin de difundir variedades de cultivos mejoradas y resistentes al cambio climático y de emplear los nutrientes, el agua y los insumos externos de modo más eficiente. También será necesario realizar cambios fundamentales en las estrategias de desarrollo agrícola. Los responsables de las políticas deben ofrecer incentivos para la adopción de la ISPA, por ejemplo la recompensa de la buena gestión de los agroecosistemas. Los países en desarrollo deberían respaldar la intensificación sostenible mediante el incremento considerable del flujo de asistencia externa a la agricultura en el mundo en desarrollo, así como de las inversiones en ella.

La intensificación sostenible de la producción agrícola en pequeña escala es uno de los objetivos estratégicos de la FAO. Nuestro fin en los próximos 15 años es ayudar a los países en desarrollo a adoptar políticas y enfoques para "ahorrar para crecer". En la presente publicación se proporciona un conjunto de sistemas, técnicas y prácticas agrícolas adaptables y se exploran las políticas y los acuerdos institucionales que respaldarán la aplicación a gran escala de la ISPA.

Jacques Diouf
Director General
Organización de las Naciones Unidas para la Agricultura y la Alimentación

Índice

Agradecimientos

Esta publicación ha sido elaborada bajo la dirección de Shivaji Pandey, Director de la División de Producción y Protección Vegetal de la FAO, con la orientación técnica de un comité directivo y un grupo asesor técnico. La edición técnica final corrió a cargo de Mangala Rai (Presidente de la Academia Nacional de Ciencias Agrícolas [India]), Timothy Reeves (antiguo Director General del Centro internacional de mejoramiento de maíz y trigo) y Shivaji Pandey.

Autores
Autores principales:
Linda Collette (FAO), Toby Hodgkin (Bioversity International), Amir Kassam (Universidad de Reading [Reino Unido]), Peter Kenmore (FAO), Leslie Lipper (FAO), Christian Nolte (FAO), Kostas Stamoulis (FAO) y Pasquale Steduto (FAO).
Colaboradores:
Manuela Allara (FAO), Doyle Baker (FAO), Hasan Bolkan (Campbell Soup Co. [Estados Unidos de América]), Jacob Burke (FAO), Romina Cavatassi (FAO), Mark L. Davis (FAO), Hartwig De Haen (Universidad de Göttingen [Alemania]), João Carlos de Moraes Sá (Universidad Estatal de Ponta Grossa [Brasil]), Marjon Fredrix (FAO), Theodor Friedrich (FAO), Kakoli Ghosh (FAO), Jorge Hendrichs (FAO/OIEA), Barbara Herren (FAO), Francesca Mancini (FAO), Philip Mikos (CE), Thomas Osborn (FAO), Jules Pretty (Universidad de Essex [Reino Unido]), David Radcliffe (CE), Timothy Reeves (Timothy G. Reeves and Associates P/L [Australia]), Mike Robson (FAO), Amit Roy (IFDC), Francis Shaxson (Tropical Agriculture Association [Reino Unido]), Hugh Turral (RPF P/L [Australia]) y Harry Van der Wulp (FAO).

Comité directivo
Presidente: Shivaji Pandey (FAO).
Rodney Cooke (FIDA), Dennis Garrity (ICRAF), Toby Hodgkin (Bioversity International), Philip Mikos (CE), Mohammad Saeid Noori Naeini (República Islámica del Irán), Timothy Reeves (Timothy G. Reeves and Associates P/L [Australia]), Amit Roy (IFDC) y M. S. Swaminathan (M. S. Swaminathan Research Foundation [India]).

Grupo asesor técnico
Hasan Bolkan (Campbell Soup Co. [Estados Unidos de América]), Anne-Marie Izac (Future Harvest Alliance [Francia]), Louise Jackson (Universidad de California, Davis [Estados Unidos de América]), Janice Jiggins (Centro Universitario y de Investigación Wageningen [Países Bajos]), Patrick Mulvany (Intermediate Technology Development Group [Reino Unido]), Wayne Powell (Universidad Aberystwyth [Reino Unido]), Jessie Sainz Binamira (Ministerio de Agricultura [Filipinas]) y Bob Watson (Universidad de East Anglia [Reino Unido]).

Panorama general

1. El desafío

Para alimentar a una población mundial cada vez más numerosa no hay más opción que intensificar la producción agrícola. Pero los agricultores afrontan limitaciones inéditas. Para crecer, el sector agrícola debe aprender a ahorrar.

La Revolución Verde dio lugar a mejoras cuantitativas de la producción de alimentos y afianzó la seguridad alimentaria mundial, pero en muchos países la producción agrícola intensiva ha agotado la base de recursos naturales, lo que pone en peligro la productividad futura. Sin embargo, para satisfacer la demanda prevista a lo largo de los próximos 40 años, los agricultores del mundo en desarrollo tendrán que duplicar la producción de alimentos, reto que resulta más arduo si cabe a causa de los efectos combinados del cambio climático y la competencia cada vez mayor por las tierras, el agua y la energía. En este libro se presenta un nuevo paradigma: la intensificación sostenible de la producción agrícola (ISPA), que produce más en la misma superficie de tierra a la vez que permite conservar los recursos, reducir las repercusiones negativas en el medio ambiente y potenciar el capital natural y el suministro de servicios del ecosistema.

2. Sistemas de explotación agrícola

La intensificación de la producción agrícola se basará en sistemas agrícolas que ofrezcan a los productores y a la sociedad en general una variedad de beneficios socioeconómicos, ambientales y relacionados con la productividad.

El enfoque ecosistémico de la producción agrícola regenera y mantiene la salud de las tierras agrícolas. Los sistemas agrícolas para la ISPA se basarán en prácticas agrícolas de conservación, el uso de buenas semillas de variedades adaptadas y de alto rendimiento, el manejo integrado de plagas (MIP), la nutrición vegetal basada en suelos sanos, una gestión eficaz del agua y la integración de cultivos, pastizales, árboles y el ganado. La índole misma de los sistemas de producción sostenible es dinámica: deberían ofrecer a los agricultores numerosas posibles combinaciones de prácticas entre las cuales escoger y a las que adaptarse, de acuerdo con sus condiciones locales de producción y con sus limitaciones. Esos sistemas requieren muchos conocimientos. Las políticas para la ISPA deberían fortalecer la capacidad mediante enfoques de extensión como las escuelas de campo para agricultores, así como facilitar la producción local de aperos agrícolas especializados.

3. La salud del suelo

La agricultura debe, literalmente, volver a sus raíces redescubriendo la importancia de los suelos sanos, aprovechando las fuentes naturales de nutrientes para las plantas y empleando los fertilizantes minerales de manera racional.

Los suelos ricos en biota y materia orgánica constituyen la base de una mayor productividad agrícola. Los mejores rendimientos se consiguen cuando los nutrientes proceden de una combinación de fertilizantes minerales y fuentes naturales, como el estiércol o los cultivos y árboles fijadores de nitrógeno. El uso racional de fertilizante mineral ahorra dinero y garantiza que los nutrientes lleguen a las plantas y que no contaminen ni el aire, ni el suelo ni los cauces fluviales. Las políticas de promoción de la salud del suelo deberían fomentar la agricultura de conservación y los sistemas mixtos, agropecuarios y agroforestales, que mejoren la fertilidad del suelo. Además, deberían eliminar los incentivos que fomentan la labranza mecánica y el derroche de fertilizantes y transferir a los agricultores enfoques de precisión, tales como la aplicación de urea en profundidad y la gestión de nutrientes en función de la ubicación.

4. Cultivos y variedades

Los agricultores necesitarán un conjunto genéticamente diverso de variedades mejoradas de cultivos que sean adecuadas para múltiples agroecosistemas y prácticas agrícolas y resistentes al cambio climático.

Las variedades de cereales genéticamente mejoradas fueron las responsables de cerca del 50% del incremento del rendimiento en las últimas décadas. Los fitomejoradores deberán conseguir resultados similares en el futuro. No obstante, para distribuir de manera oportuna a los agricultores variedades de alto rendimiento es necesario mejorar notablemente el sistema que conecta las colecciones de germoplasma vegetal, el fitomejoramiento y la distribución de semillas. Durante el siglo pasado desapareció alrededor de un 75% de los recursos fitogenéticos, mientras que un tercio de la diversidad existente hoy en día podría haber desaparecido en 2050. Por lo tanto, es crucial incrementar el apoyo prestado a la recogida, la conservación y la utilización de los recursos fitogenéticos. También se necesitan fondos para revitalizar los programas públicos de fitomejoramiento. Las políticas deberían contribuir a vincular los sistemas formales de semillas con los de conservación en las fincas y promover la formación de empresas locales de semillas.

5. Gestión del agua

La intensificación sostenible requiere tecnologías de irrigación más inteligentes, de precisión, y prácticas agrícolas que utilicen enfoques ecosistémicos para conservar el agua.

Las ciudades y las industrias compiten intensamente con la agricultura por el empleo del agua. A pesar de su gran productividad, el riego está sometido a una presión cada vez mayor para reducir sus repercusiones en el medio ambiente, tales como la salinización del suelo y la contaminación por nitrato de los acuíferos. El riego de precisión basado en los conocimientos mediante el que se suministra agua de manera fiable y flexible, junto con el riego deficitario y la reutilización de las aguas residuales, constituirá una importante plataforma para la intensificación sostenible. Las políticas tendrán que eliminar los subsidios perjudiciales que fomentan el derroche de agua por parte de los agricultores. En las zonas de secano el cambio climático supone una amenaza para millones de pequeñas explotaciones. El incremento de la productividad en la agricultura de secano dependerá de la utilización de variedades mejoradas y tolerantes a la sequía y de prácticas de gestión que ahorren agua.

6. Protección fitosanitaria

Los plaguicidas matan las plagas, pero también a los enemigos naturales de las mismas, y su uso excesivo puede dañar a los agricultores, los consumidores y el medio ambiente. La primera línea de defensa es un agroecosistema sano.

En los sistemas agrícolas bien gestionados, las pérdidas de cultivos debidas a los insectos suelen poder mantenerse en un nivel mínimo aceptable mediante la plantación de variedades resistentes, la conservación de los depredadores y la gestión de la cantidad de nutrientes que reciben las plantas para reducir la reproducción de los insectos. Algunas de las medidas recomendadas para combatir las enfermedades son el empleo de material de plantación limpio, la rotación de cultivos para eliminar los patógenos y la eliminación de las plantas huésped infectadas. La gestión eficaz de las malas hierbas incluye su eliminación manual oportuna, la labranza mínima y el uso de los residuos de superficie. Cuando sea necesario deberían emplearse plaguicidas sintéticos de menor riesgo para el control selectivo en la cantidad adecuada y en el momento oportuno. El manejo integrado de plagas puede promoverse mediante las escuelas de campo para agricultores, la producción local de agentes de control biológico, normas estrictas respecto al uso de plaguicidas y la eliminación de las subvenciones de plaguicidas.

7. Políticas e instituciones

Para alentar a los pequeños productores a adoptar la intensificación sostenible de la producción agrícola es necesario introducir cambios fundamentales en las políticas e instituciones de desarrollo agrícola.

En primer lugar, la agricultura tiene que ser rentable: es preciso que los pequeños productores puedan costearse los insumos y tengan la seguridad de que obtendrán precios razonables por sus cultivos. Deben poder costearse los insumos y tener garantías de que pueden vender sus productos a un precio razonable. Algunos países protegen los ingresos fijando unos precios mínimos para los productos, mientras que otros están explorando las "subvenciones inteligentes" de los insumos, dirigidas a los productores de ingresos bajos. Los responsables de las políticas también deben diseñar incentivos para que los agricultores en pequeña escala empleen los recursos naturales de manera racional —por ejemplo, mediante los pagos por servicios ambientales o la tenencia de la tierra que les permita beneficiarse del incremento del valor del capital natural— y reducir los costos de transacción del acceso a crédito, muy necesario para realizar inversiones. En muchos países se necesitan reglamentos para proteger a los agricultores frente a comerciantes sin escrúpulos que venden semillas y otros insumos de mala calidad. Se necesitará una inversión considerable para reconstruir la capacidad de investigación y transferencia de tecnología en los países en desarrollo con vistas a ofrecer a los agricultores las tecnologías adecuadas y a mejorar sus habilidades mediante las escuelas de campo para agricultores.

Capítulo 1

El desafío

Para alimentar a una población mundial cada vez más numerosa no hay más opción que intensificar la producción agrícola. Pero los agricultores afrontan limitaciones inéditas. Para crecer, el sector agrícola debe aprender a ahorrar.

La historia de la agricultura puede percibirse como un largo proceso de intensificación[1] a medida que la sociedad intentaba satisfacer sus crecientes necesidades de alimentos, pienso y fibra mediante el incremento de la productividad de los cultivos. Durante milenios los agricultores eligieron para su cultivo plantas con un rendimiento más elevado y más resistentes a la sequía y las enfermedades, construyeron bancales para conservar el suelo y canales para distribuir el agua a sus campos, sustituyeron las simples azadas por arados tirados por bueyes y emplearon el estiércol animal como fertilizante y el azufre para combatir las plagas.

La intensificación de la agricultura registrada en el siglo XX constituyó un cambio de paradigma ya que se pasó de los sistemas agrícolas tradicionales, basados principalmente en la gestión de los recursos naturales y los servicios ecosistémicos, a la aplicación de la bioquímica e ingeniería modernas a la producción de cultivos. Siguiendo el mismo modelo que había revolucionado la fabricación, en la agricultura del mundo industrializado se adoptaron la mecanización, la normalización, técnicas de ahorro de mano de obra y el uso de productos químicos para nutrir y proteger los cultivos. Se ha conseguido incrementar notablemente la productividad a través del empleo de equipo y maquinaria agrícolas pesados que funcionan con combustibles fósiles, la labranza intensiva, las variedades de cultivo de alto rendimiento, el riego, los insumos elaborados y el coeficiente de capital elevado, en aumento constante[2].

La intensificación de la producción agrícola en el mundo en desarrollo comenzó a despuntar con la Revolución Verde. Desde la década de 1950 y durante la de 1960 se constataron cambios en las variedades de cultivos y las prácticas agrícolas empleados en todo el mundo[3]. El modelo productivo, centrado inicialmente en la introducción de variedades mejoradas y de mayor rendimiento de trigo, arroz y maíz en zonas de elevado potencial[4,5], promovía la homogeneidad y dependía de ella, entendida como la uniformidad genética de las variedades cultivadas con una gran cantidad de insumos complementarios como el riego, fertilizantes y plaguicidas, que a menudo sustituían el capital natural. El empleo de fertilizante sustituyó la gestión de la calidad del suelo, mientras que los herbicidas constituyeron una alternativa a la rotación de cultivos como medio de luchar contra las malas hierbas[6].

Se considera que la Revolución Verde, especialmente en Asia, es la responsable de haber impulsado las economías, reducido la pobreza rural, salvado grandes áreas de tierras frágiles de la conversión a la agricultura extensiva y ayudado a evitar una catástrofe maltusiana en cuanto al crecimiento de la población mundial. Entre 1975 y 2000 la producción de cereales en Asia meridional aumentó más del 50%, mientras que la pobreza descendió un 30%[7]. En el último medio siglo, desde el inicio de la Revolución Verde, la producción mundial anual de cereales, cereales secundarios, raíces y tubérculos, legumbres y oleaginosas ha crecido de 1 800 millones de toneladas a 4 600 millones de toneladas[8]. El incremen-

Indicadores de la intensificación de la producción agrícola mundial, 1961-2007
Índice (1961=100)

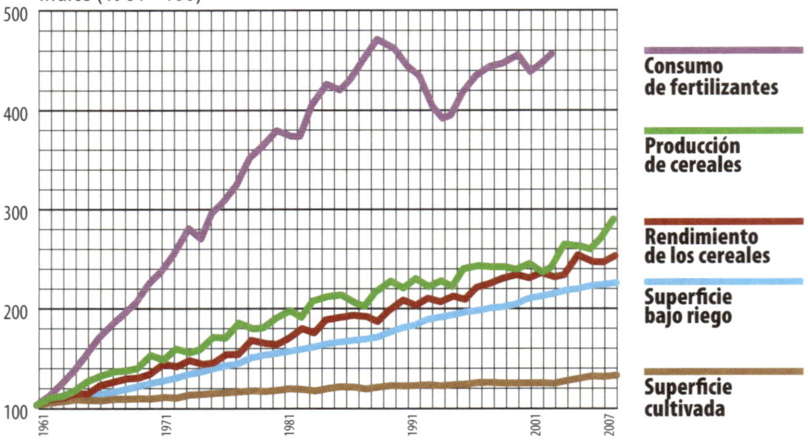

FAO. 2011.
Base de datos estadísticos FAOSTAT
(http://faostat.fao.org/).

Producción mundial de los principales cultivos*, 1961-2009
(miles de millones de toneladas)

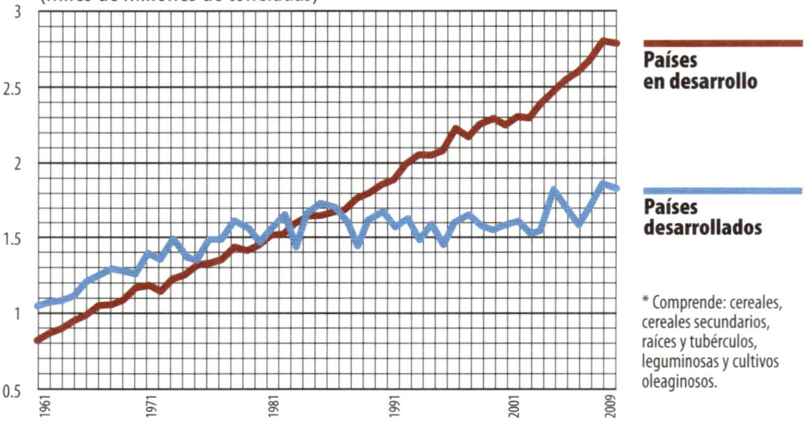

* Comprende: cereales, cereales secundarios, raíces y tubérculos, leguminosas y cultivos oleaginosos.

FAO. 2011.
Base de datos estadísticos FAOSTAT
(http://faostat.fao.org/).

Subnutrición en la población del mundo en desarrollo, de 1969-1971 a 2010 (%)

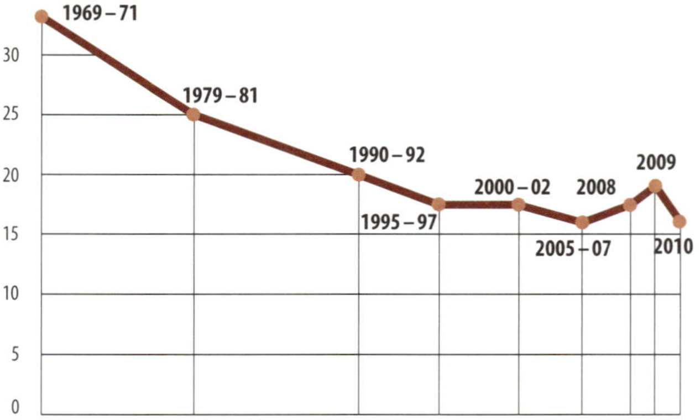

FAO. 2010.
El estado de la inseguridad alimentaria en el mundo: La inseguridad alimentaria en crisis prolongadas. Roma.

to de la producción de cereales y el descenso de sus precios redujeron notablemente la inseguridad alimentaria en las décadas de 1970 y 1980, cuando el número de personas subnutridas llegó a reducirse a pesar del relativamente rápido crecimiento de la población. La proporción de personas subnutridas con respecto a la población mundial total descendió del 26% al 14% entre 1969-1971 y 2000-2002[9].

Se avecina una tormenta

Hoy en día se reconoce que esas considerables mejoras de la producción y la productividad agrícolas fueron acompañadas a menudo de efectos negativos en la base de recursos naturales de la agricultura, tan serios que representan un peligro para su futuro potencial productivo. En la actualidad se reconoce que tales mejoras considerables de la producción y la productividad agrícolas fueron acompañadas de efectos negativos en la base de recursos naturales de la agricultura, efectos que fueron tan graves que pusieron en peligro su futuro potencial productivo. Entre los efectos negativos externos de la intensificación se incluyen la degradación de la tierra, la salinización de las zonas de regadío, la extracción excesiva de agua subterránea, el incremento de la resistencia a las plagas y la erosión de la biodiversidad. La agricultura también ha perjudicado al medio ambiente en términos más amplios mediante, por ejemplo, la deforestación, la emisión de gases de efecto invernadero y la contaminación por nitrato de las masas de agua[10, 11].

Resulta obvio, asimismo, que los sistemas actuales de producción y distribución de alimentos no están consiguiendo alimentar al mundo. El número total de personas subnutridas en 2010 se estimó en 925 millones, cifra mayor que la existente hace 40 años, y en el mundo en desarrollo la prevalencia de la subnutrición asciende al 16%[12]. Cerca del 75% de las personas más gravemente afectadas viven en zonas rurales de países en desarrollo y sus medios de subsistencia dependen directa o indirectamente de la agricultura[13]. Entre ellas se incluye una gran parte de los 500 millones de pequeños agricultores de bajos ingresos existentes en el mundo y sus familias, quienes producen el 80% del suministro de alimentos en los países en desarrollo. En su conjunto, los pequeños productores usan y gestionan más del 80% de las tierras cultivables —y una proporción similar de otros recursos naturales— en Asia y África[14].

En los próximos 40 años la seguridad alimentaria mundial se verá amenazada por diversos acontecimientos. Se prevé que la población de la Tierra crecerá de aproximadamente 6 900 millones de personas en 2010 a unos 9 200 millones en 2050 y que casi todo este aumento se producirá en las regiones menos desarrolladas; según las previsiones, las tasas de crecimiento más elevadas se registrarán en los países menos adelantados[15]. Para entonces, un 70% de la población mundial será urbana,

Población mundial, 2000-2050 (miles de millones)

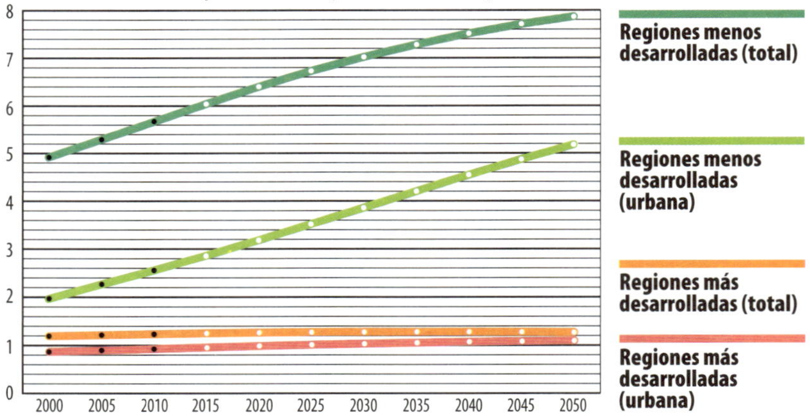

Naciones Unidas. *World urbanization prospects, the 2009 revision population database* (http://esa.un.org/wup2009/unup/).

Rendimiento medio mundial de los principales cereales, 1961-2009 (t/ha)

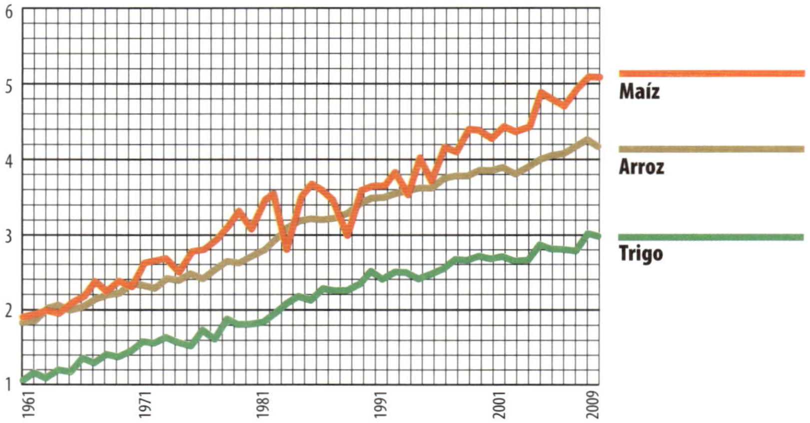

FAO. 2011. Base de datos estadísticos FAOSTAT (http: //faostat.fao.org/).

Tasas medias de utilización de fertilizantes minerales, 2008/09
(kg de nutrientes por ha)

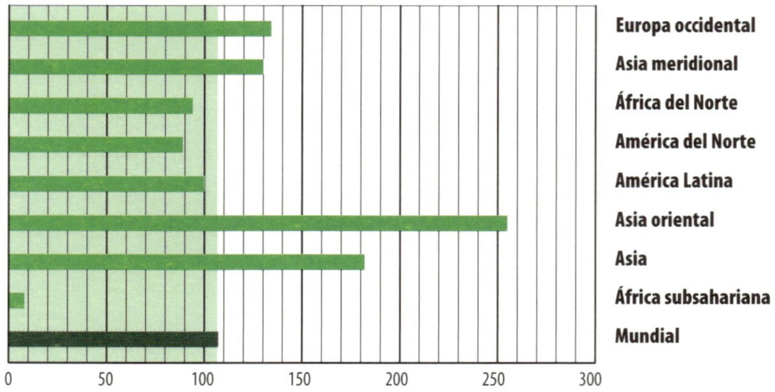

IFDC, derivado de la base de datos estadísticos FAOSTAT (http: //faostat.fao.org/).

en comparación con el 50% en la actualidad. Si las tendencias continúan sin cambios la urbanización y el aumento de los ingresos en los países en desarrollo fomentarán el incremento del consumo de carne, lo que a su vez ocasionará el aumento de la demanda de cereales para alimentar al ganado. El empleo de productos agrícolas en la producción de biocombustibles también continuará aumentando. En 2020, en los países industrializados se podrían consumir 150 kg per cápita anuales de maíz en forma de etanol, cifra similar a los índices de consumo de cereales en los países en desarrollo[16].

Tales cambios en la demanda motivarán la necesidad de aumentar notablemente la producción de todos los principales cultivos para la alimentación de las personas y los animales. Las proyecciones de la FAO sugieren que hasta 2050 la producción agrícola deberá aumentar un 70% mundialmente —y cerca del 100% en los países en desarrollo— solamente para satisfacer las necesidades alimentarias, excluyendo la demanda adicional de productos agrícolas como materia prima para la producción de biocombustibles. Dicha cifra equivale a una producción anual de 1 000 millones de toneladas adicionales de cereales y 200 millones de toneladas adicionales de carne para 2050 en comparación con la producción registrada entre 2005 y 2007[10].

En la mayoría de los países en desarrollo existe poco margen para ampliar las tierras cultivables. Las tierras sin cultivar disponibles en Asia meridional y en el Cercano Oriente y África del Norte son prácticamente inexistentes. En el África subsahariana y en América Latina sí existen tierras disponibles, pero más del 70% sufre limitaciones relativas al suelo y al terreno. Por lo tanto, entre 2015 y 2030 aproximadamente el 80% del incremento necesario de la producción de alimentos tendrá que proceder de la intensificación en forma de aumento del rendimiento y la intensidad del cultivo[17]. No obstante, el índice de incremento del rendimiento de los principales cultivos alimenticios (arroz, trigo y maíz) está disminuyendo. El incremento anual del rendimiento del trigo descendió desde un 5% anual en 1980 hasta el 2% en 2005, mientras que el incremento del rendimiento del arroz y el maíz se redujo desde más del 3% hasta cerca del 1% en el mismo período[18]. En Asia, la degradación del suelo y la acumulación de toxinas en los sistemas de cultivo intensivo de arroz han ocasionado preocupación sobre el hecho de que la lentificación del incremento del rendimiento sea reflejo de un entorno de producción de cultivos en deterioro[4].

La decreciente calidad de los recursos de la tierra y el agua disponibles para la producción agrícola tiene importantes implicaciones para el futuro. El Programa de las Naciones Unidas para el Medio Ambiente (PNUMA) ha calculado que las prácticas insostenibles de uso de la tierra resultan, en promedio, en unas pérdidas netas mundiales de productividad de las tierras cultivadas del 0,2% anual[19]. La degradación de los recursos reduce la productividad de insumos tales como el fertilizante y el riego. En los próximos años la intensificación de la producción agrícola será necesaria de manera creciente en zonas de producción más marginales con unas condiciones productivas menos fiables, como menor calidad del suelo, menor acceso a agua y climas menos favorables.

Los esfuerzos dirigidos a aumentar la producción agrícola se llevarán a cabo en unas condiciones ambientales y socioeconómicas en rápida evolución y, a menudo, impredecibles. Uno de los retos más importantes es la necesaria adaptación al cambio climático, el cual, mediante la alteración de la temperatura, las precipitaciones y la incidencia de las plagas, determinará qué cultivos se pueden producir y cuándo, además de su rendimiento potencial[13]. A corto plazo se prevé que aumenten la variabilidad climática y los episodios meteorológicos extremos en todas las regiones[20-23] y que tengan efectos negativos en el incremento del rendimiento y en la seguridad alimentaria, especialmente en el África subsahariana y en Asia meridional, hasta 2030[24]. La agricultura (incluida la deforestación) produce cerca de una tercera parte de las emisiones de gases de efecto invernadero, por lo que debe contribuir notablemente a la mitigación del cambio climático[21]. Si bien los cultivos se pueden adaptar a entornos cambiantes, la necesidad de reducir las emisiones supondrá un reto cada vez mayor para los sistemas agrícolas convencionales que requieren una gran cantidad de recursos[3].

Otra fuente importante de incertidumbre en el futuro será el precio y la disponibilidad de la energía, necesaria para garantizar el funcionamiento de las explotaciones y para la producción de insumos importantes, principalmente fertilizante. A medida que la oferta de combustibles fósiles se reduce, sus precios aumentan, lo que a su vez provoca el incremento de los precios de los insumos y, por lo tanto, de los costos de producción agrícola. Los combustibles fósiles no pueden seguir siendo la única fuente de energía para incrementar la productividad. Habrá que diversificar notablemente las fuentes de energía para reducir el costo de los combustibles con vistas a incrementar la intensificación agrícola.

Por lo tanto, el reto de satisfacer la futura demanda de alimentos de manera sostenible es todavía más formidable debido a los efectos combinados del cambio climático, la escasez de energía y la degradación de los recursos. El repunte de los precios de los alimentos de 2008 y el incremento de los precios de los alimentos hasta valores récord a comienzos de 2011 hacen presagiar amenazas mayores y más frecuentes para la seguridad alimentaria mundial[25]. Tras examinar diversos escenarios futuros posibles —económicos, demográficos y climáticos—, el Instituto Internacional de Investigaciones sobre Políticas Alimentarias (IFPRI) estimó que durante el período comprendido entre 2010 y 2050 se registrará un incremento de los precios reales del 59% en el caso del trigo, del 78% en el caso del arroz y del 106% en el caso del maíz. En el estudio se concluyó que el incremento de los precios es reflejo de la presión subyacente continuada a la que está sometido el sistema alimentario mundial, y que está motivado por el incremento de la población y los ingresos y por la productividad reducida[26].

El riesgo de inseguridad alimentaria persistente y a largo plazo sigue siendo más grave en los países en desarrollo de ingresos bajos. El incremento de la presión sobre los recursos y el medio ambiente en general debido a la expansión y la intensificación de la agricultura se concentrará cada vez más en países con un nivel reducido de consumo de alimentos, con un elevado índice de crecimiento de la población y, a menudo, con escasos recursos agrícolas[27]. En ellos, los pequeños productores, quienes dependen en gran medida de los bienes y servicios ecosistémicos para proporcionar alimentos, combustible y fibra para sus familias y el mercado, son inherentemente más vulnerables a la reducción de la calidad y la cantidad de los recursos naturales y a los cambios climáticos[14]. Si no se toman medidas para mejorar la productividad de la agricultura en pequeña escala en estos países, es poco probable que se pueda alcanzar el primer Objetivo de Desarrollo del Milenio, consistente en reducir a la mitad la proporción de personas que padecen hambre y pobreza para 2015.

Otro cambio de paradigma

Dados los retos actuales y futuros, cada vez mayores, a los que se enfrentan la oferta de alimentos y el medio ambiente, la intensificación sostenible de la producción agrícola se está convirtiendo en una prioridad cada vez más importante para los responsables de las políticas[28] y los asociados internacionales en el desarrollo[7, 14]. La intensificación sostenible se ha definido como el incremento de la producción a partir de la misma área de tierra al tiempo que se reducen los efectos negativos para el medio ambiente y se aumenta la contribución al capital natural y el flujo de servicios ambientales[29].

La intensificación sostenible de la producción agrícola (ISPA) es el primer objetivo estratégico de la FAO. Para alcanzar dicho objetivo la FAO ha aprobado el empleo del “enfoque ecosistémico” en la gestión agrícola[30]. Básicamente, el enfoque ecosistémico emplea insumos como la tierra, el agua, las semillas y el fertilizante para complementar los procesos naturales que respaldan el crecimiento de las plantas, tales como la polinización, la depredación natural para luchar contra las plagas y la acción de la biota del suelo que permite a las plantas acceder a los nutrientes[31].

En la actualidad se reconoce ampliamente que la intensificación de la producción agrícola debe ser respaldada mediante un enfoque ecosistémico. En un importante estudio del futuro de la alimentación y la agricultura hasta 2050 se ha instado a realizar cambios notables del sistema alimentario mundial, incluida la intensificación sostenible para, simultáneamente, incrementar el rendimiento, aumentar la eficiencia del uso de los insumos y reducir los efectos ambientales negativos de la producción de alimentos[32]. En la reciente Evaluación internacional del conocimiento, ciencia y tecnología en el desarrollo agrícola (IAASTD) también se instó a abandonar las prácticas agrícolas actuales en favor de sistemas agrícolas sostenibles capaces de proporcionar tanto un incremento notable de la productividad como unos servicios ecosistémicos mejorados[33].

Las evaluaciones realizadas en los países en desarrollo han mostrado que las prácticas agrícolas que conservan recursos mejoran la oferta de servicios ambientales y aumentan la productividad. Al analizar los proyectos de desarrollo agrícola llevados a cabo en 57 países de ingresos bajos se constató que el uso más eficiente del agua, la reducción del empleo de plaguicidas y la mejora de la salud del suelo habían dado lugar a un incremento medio del rendimiento de los cultivos del 79%[34]. En otro estudio se concluyó que los sistemas agrícolas que conservan servicios ecosistémicos mediante el empleo de prácticas como la labranza de conservación, la diversificación de cultivos, la intensificación de las leguminosas y el control biológico de las plagas obtienen tan buenos resultados como los sistemas intensivos que requieren gran cantidad de insumos[35,36].

La intensificación sostenible de la producción agrícola, si se ejecuta y respalda eficazmente, producirá resultados beneficiosos para todas las partes participantes, necesarios para satisfacer el reto dual de alimentar a la población mundial y salvar el planeta. La ISPA permitirá a los países planificar, desarrollar y gestionar la producción agrícola de manera que se aborden las necesidades y aspiraciones de la sociedad sin poner en peligro el derecho de las generaciones futuras a disfrutar de la variedad plena de los bienes y servicios ambientales. Un ejemplo de situación que beneficia a todas las partes involucradas —por un lado a los agricultores, desde el punto de vista económico, y por otro al medio ambiente— sería la reducción del uso excesivo de insumos como los fertilizantes minerales junto con el incremento de la productividad.

Además de reportar múltiples beneficios para la seguridad alimentaria y el medio ambiente, la intensificación sostenible tiene mucho que ofrecer a los pequeños agricultores y a sus familias —quienes constituyen más de la tercera parte de la población mundial— mediante la mejora de su productividad, la reducción de costos, el incremento de la resistencia al estrés y el refuerzo de su capacidad de gestionar el riesgo[14]. La reducción del gasto en insumos agrícolas liberará recursos para la inversión en las granjas y en la alimentación, la salud y la educación de las familias agrícolas[29]. Se conseguirá incrementar los ingresos netos de los agricultores con un menor costo ambiental, lo que generará beneficios tanto públicos como privados[31].

Principios fundamentales

Los enfoques ecosistémicos de la intensificación agrícola han surgido durante las últimas dos décadas a medida que los agricultores han comenzado a adoptar prácticas sostenibles, como el manejo integrado de plagas y la agricultura de conservación, a menudo tomando como base técnicas tradicionales. La intensificación sostenible de la producción agrícola se caracteriza por la aplicación de un enfoque más sistémico a la ordenación de los recursos naturales y se funda en un conjunto de principios ambientales, institucionales y sociales con base científica.

Principios ambientales

El enfoque ecosistémico debe aplicarse a lo largo de toda la cadena alimentaria con vistas a incrementar la eficiencia y a reforzar el sistema alimentario mundial. En el ámbito de los sistemas agrícolas, la ordenación debería basarse en procesos biológicos y en la integración de diversas especies de plantas, así como en el uso racional de insumos externos como fertilizantes y plaguicidas. La ISPA se fundamenta en sistemas de producción agrícola y prácticas de ordenación que se describen en los siguientes capítulos. Entre tales sistemas y prácticas se incluyen los siguientes:

- El mantenimiento del suelo sano para mejorar la nutrición de los cultivos.
- El cultivo de una gran diversidad de especies y variedades en asociaciones, rotaciones y secuencias.
- El uso de variedades bien adaptadas y de alto rendimiento y de semillas de buena calidad.
- El manejo integrado de plagas, enfermedades y malas hierbas.
- La gestión eficiente del agua.

Para que los efectos en la productividad y la sostenibilidad sean óptimos, la ISPA tendrá que ser aplicable a una gran variedad de sistemas agrícolas y adecuada para contextos agroecológicos y socioeconómicos específicos. Se reconoce que las prácticas de gestión adecuadas son fundamentales para hacer realidad los beneficios de los servicios ecosistémicos y reducir, al mismo tiempo, los perjuicios derivados de las actividades agrícolas[36].

Principios institucionales

Sería poco realista esperar que los agricultores adoptasen prácticas sostenibles solamente porque son más respetuosas con el medio ambiente. La traducción de los principios ambientales en programas de acción coordinados a gran escala requerirá apoyo institucional tanto a nivel nacional como local. Los gobiernos se enfrentan al reto de mejorar la coordinación y la comunicación en todos los subsectores de la agricultura, desde la producción hasta la elaboración y la comercialización. Habrá que crear mecanismos para reforzar los vínculos institucionales con el fin de mejorar la formulación de políticas y estrategias para la ISPA, así como para mantener la ampliación de estudios pilotos, las experiencias de los agricultores y los conocimientos locales y tradicionales.

En el plano local las organizaciones de agricultores tienen una importante función que desempeñar a la hora de facilitar el acceso a recursos —especialmente tierra, agua, crédito y conocimientos— y de garantizar que se escuchan las voces de los agricultores[37]. Los pequeños agricultores también necesitan acceder a mercados eficientes y equitativos y a incentivos que los animen a gestionar otros servicios ecosistémicos, además de la producción de alimentos. La adopción de la ISPA por parte de los agricultores dependerá de los beneficios concretos que puedan obtener, tales como mayores ingresos o la reducción de la mano de obra necesaria. Si el sistema económico refleja los costos adecuadamente —incluido el elevado costo ambiental de las prácticas insostenibles— la ecuación se resolverá en favor de la adopción de la ISPA.

Principios sociales

La intensificación sostenible se ha descrito como un proceso de "aprendizaje social", dado que los conocimientos necesarios suelen ser más amplios que los empleados en la mayoría de los enfoques agrícolas convencionales[14]. Por ello, la ISPA requerirá un refuerzo notable de los servicios de extensión de fuentes tanto tradicionales como no tradicionales para respaldar su adopción por parte de los agricultores. Uno de los enfoques de formación de los agricultores para incorporar prácticas de gestión sostenible de los recursos naturales a sus sistemas agrícolas que ha obtenido mejores resultados es la metodología de extensión conocida como escuelas de campo para agricultores*[38].

A fin de movilizar capital social para la ISPA será precisa la participación de la población en la toma de decisiones; asimismo será necesario garantizar condiciones laborales dignas y justas en la agricultura y, sobre todo, reconocer la función decisiva de las mujeres en la agricultura. Estudios realizados en el África subsahariana confirman de modo contundente que las diferencias en la productividad agrícola entre hombres y mujeres se deben fundamentalmente a las diferencias en el acceso a los recursos y los servicios de extensión. La eliminación de las diferencias de género en la agricultura puede permitir aumentar la productividad, con beneficios adicionales importantes, como el incremento de los ingresos de las agricultoras y el aumento de la disponibilidad de alimentos[39].

* El enfoque de las escuelas de campo para agricultores, introducido por primera vez en Asia suroriental a finales de la década de 1980 como parte de un programa regional de la FAO de manejo integrado de plagas para el arroz, ha sido adoptado en más de 75 países y en la actualidad abarca una gran variedad creciente de cultivos y cuestiones relativas a la producción agrícola.

El camino por recorrer

Con apoyo en materia de políticas y fondos suficientes la intensificación sostenible de la producción agrícola se podría aplicar en extensas zonas productivas en un período de tiempo relativamente corto. El reto al que se enfrentan los responsables de las políticas es encontrar modos de ampliar la intensificación sostenible para que, en última instancia, se puedan beneficiar de ella cientos de millones de personas[32]. En la práctica las principales fases de la aplicación serían las siguientes:

- Evaluación de los posibles efectos negativos en el agroecosistema de las prácticas agrícolas actuales. Ello podría incluir la evaluación cuantitativa según unos indicadores concretos y el análisis de los planes con los interesados en el ámbito del distrito o la provincia.
- Identificación en el plano nacional de los sistemas productivos potencialmente insostenibles y que, por lo tanto, requieren atención prioritaria, así como de los ámbitos de la sostenibilidad ecosistémica (salud del suelo, calidad del agua, conservación de la biodiversidad, etc.) que requieren una intervención prioritaria.
- Trabajo con los agricultores para validar y adaptar técnicas que aborden dichas prioridades de modo integrado y empleo de la experiencia para elaborar planes de inversión y crear las instituciones y políticas adecuadas.
- Ejecución de los programas (con asistencia técnica y políticas favorables) tomando como base los enfoques y técnicas descritos en la presente publicación.
- Seguimiento, evaluación y examen de los progresos y realización de ajustes sobre la marcha cuando sea necesario.

Este proceso puede ser iterativo y, en cualquier caso, depende de la gestión de la relación entre las políticas e instituciones nacionales por un lado y la experiencia local de los agricultores y consumidores por otro. El seguimiento de las principales variables ecosistémicas puede ayudar a ajustar y perfeccionar las iniciativas de ISPA.

A la hora de elaborar los programas, los responsables podrían considerar, si así lo consideran oportuno, cuestiones que afectan tanto a la ISPA como al desarrollo del sector agrícola en su conjunto. Existe el riesgo, por ejemplo, de que las políticas destinadas a conseguir economías de escala mediante el desarrollo de la cadena de valor y la consolidación de las propiedades excluyan a los pequeños agricultores del proceso o reduzcan su acceso a los recursos productivos. La mejora de la infraestructura de transporte facilitará el acceso de los agricultores al suministro de fertilizante y semillas, ambos insumos fundamentales para la ISPA, y a los mercados. Dado el elevado índice de pérdidas de la cadena alimentaria —se calcula que el 30-40% de los alimentos producidos en todo el mundo se pierden debido al deterioro y los desechos—, la inversión en elaboración, almacenamiento e instalaciones de refrigeración permitirá a los agricultores retener más valor de su producción. Los responsables de las políticas pueden, asimismo, fomentar la participación de los pequeños agricultores en la ISPA mediante la mejora de su acceso a información sobre la producción y el mercado a través de tecnologías de la información y la comunicación modernas.

Podría ser necesario armonizar, mejorar y aplicar más eficazmente los instrumentos, convenios y tratados internacionales pertinentes para la ISPA. Ello requerirá la colaboración de las organizaciones internacionales que se ocupan del desarrollo rural y los recursos naturales* así como de los gobiernos, las organizaciones de la sociedad civil y las asociaciones de agricultores. Es urgente fomentar la capacidad para aplicar, en los planos regional, nacional y local, los acuerdos de gobernanza acordados internacionalmente**.

Además, diversos instrumentos internacionales de carácter no vinculante incluyen la cooperación para la mejora y la utilización sostenible de los recursos naturales. Entre ellos se incluyen directrices y códigos, como el Código Internacional de Conducta para la Distribución y Utilización de Plaguicidas, cuyo fin es mejorar la gestión de las amenazas transfronterizas que afectan a la producción, el medio ambiente y la salud de las personas. Por último, cabe señalar que el Relator Especial de las Naciones Unidas sobre el derecho a la alimentación ha publicado unos principios rectores sobre el arrendamiento de tierras y la especulación en los mercados de productos alimenticios y ha realizado un llamamiento a la ampliación de los enfoques ecológicos en la agricultura.

No existe un único esquema que guíe la aplicación de un enfoque ecosistémico a la intensificación de la producción agrícola. No obstante, se han elaborado diversas prácticas y técnicas agrícolas, a menudo específicas para un lugar concreto. En los capítulos 2, 3, 4, 5 y 6 se describe este variado conjunto de prácticas basadas en el ecosistema pertinentes, adoptables y adaptables que mejoran la productividad de los cultivos y que pueden servir como pilar para los programas nacionales y regionales. En el Capítulo 7 se ofrece información detallada sobre el entorno de políticas y los acuerdos institucionales que facilitarán la adopción y la ejecución de la ISPA a gran escala.

* Como la FAO, el Fondo Internacional para el Desarrollo Agrícola (FIDA), el Programa de las Naciones Unidas para el Desarrollo (PNUD), el PNUMA, la Organización Mundial del Comercio (OMC) y el Grupo Consultivo sobre Investigación Agrícola Internacional (GCIAI).

** Tales como: el Tratado Internacional sobre los Recursos Fitogenéticos para la Alimentación y la Agricultura (TIRFAA), la Convención Internacional de Protección Fitosanitaria, el Convenio sobre la Diversidad Biológica (CDB), el Codex Alimentarius, la Convención Marco de las Naciones Unidas sobre el Cambio Climático (CMNUCC), la Convención de las Naciones Unidas de Lucha contra la Desertificación y otros acuerdos relativos a la biodiversidad.

Capítulo 2

Sistemas de explotación agrícola

La intensificación de la producción agrícola se basará en sistemas agrícolas que ofrezcan a los productores y a la sociedad en general una variedad de beneficios socioeconómicos, ambientales y relacionados con la productividad.

Los cultivos se producen en una gran variedad de sistemas productivos. En uno de los extremos del abanico se encuentra el enfoque intervencionista, en el que la mayoría de los aspectos de la producción son controlados mediante intervenciones tecnológicas como la labranza de la tierra, el control preventivo y de mitigación de plagas y malas hierbas con productos agroquímicos y la aplicación de fertilizantes minerales para la nutrición de las plantas. En el otro extremo se encuentran los sistemas de producción que adoptan un enfoque predominantemente ecosistémico y son tanto productivos como más sostenibles. Estos sistemas agroecológicos suelen caracterizarse por su alteración mínima del ecosistema, por la nutrición de las plantas a partir de fuentes orgánicas e inorgánicas y por el empleo de la biodiversidad natural y gestionada para producir alimentos, materias primas y otros servicios ecosistémicos. La producción agrícola basada en un enfoque ecosistémico conserva la salud de la tierra agrícola ya en uso y puede regenerar la tierra que se encuentra en malas condiciones debido al uso indebido en el pasado[1].

Los sistemas de explotación agrícola para la intensificación sostenible de la producción agrícola reportarán diversos beneficios ambientales, socioeconómicos y relativos a la productividad a los productores y a la sociedad en general, tales como una producción y rentabilidad elevadas y estables, la adaptación al cambio climático y la reducción de la vulnerabilidad ante él, la mejora del funcionamiento y los servicios ecosistémicos y la reducción de las emisiones de gases de efecto invernadero y de la huella de carbono de la agricultura.

Estos sistemas de explotación agrícola se basarán en los tres principios técnicos siguientes:

- Consecución simultánea de una mayor productividad agrícola y un mejoramiento del capital natural y los servicios del ecosistema.
- Índices más elevados de eficiencia en el empleo de insumos clave como el agua, nutrientes, plaguicidas, energía, tierra y mano de obra.
- Utilización de la biodiversidad gestionada y natural para fomentar la resistencia del sistema al estrés abiótico, biótico y económico.

Las prácticas agrícolas necesarias para aplicar dichos principios variarán en función de las condiciones y necesidades locales. No obstante, en todos los casos deberán:

- *Reducir al mínimo la alteración del suelo mediante la minimización de la labranza mecánica* para conservar la materia orgánica, la estructura y la salud general del suelo.
- *Mejorar y conservar la cubierta orgánica protectora* de la superficie del suelo empleando cultivos, cultivos de cobertura o residuos de cultivos con vistas a proteger la superficie del suelo, conservar agua y nutrientes, promover la actividad biológica del suelo y contribuir al manejo integrado de las malas hierbas y las plagas.

Contribución de las prácticas aplicadas en el sistema de intensificación agrícola sostenible a importantes servicios del ecosistema

Objetivo	Componente del sistema: Cubierta orgánica	Labranza mínima o nula	Leguminosas para suministrar nutrientes a las plantas	Rotación de cultivos
Estimular unas condiciones óptimas en el suelo forestal	*	*		
Reducir la pérdida de humedad por evaporación de la superficie del suelo	*			
Reducir la pérdida de humedad por evaporación de las capas superiores del suelo	*	*		
Reducir al mínimo la oxidación de la materia orgánica del suelo y la pérdida de CO_2		*		
Reducir al mínimo la compactación del suelo	*	*		
Reducir al mínimo las fluctuaciones de la temperatura en la superficie del suelo	*			
Proporcionar un suministro regular de materia orgánica como sustrato para la actividad de los organismos del suelo	*			
Aumentar y mantener la cantidad de nitrógeno presente en la zona de las raíces	*	*	*	*
Incrementar la capacidad de intercambio de cationes en la zona de las raíces	*	*	*	*
Ampliar al máximo la infiltración de agua de la lluvia y reducir al mínimo la escorrentía	*	*		
Reducir al mínimo la pérdida del suelo debido a la escorrentía y al viento	*	*		
Permitir y mantener el acodo natural de los horizontes del suelo mediante la actuación de la biota del suelo	*	*		
Reducir al mínimo las malas hierbas	*	*		*
Incrementar la tasa de producción de biomasa	*	*	*	*
Acelerar la recuperación de la porosidad del suelo mediante la biota del suelo	*	*	*	*
Reducir la mano de obra empleada		*		
Reducir el combustible o energía empleados		*	*	*
Reciclar nutrientes	*	*	*	*
Reducir la presión de plagas ejercida por los patógenos				*
Reconstruir las condiciones y dinámicas del suelo dañadas	*	*	*	*
Servicios de polinización	*	*	*	*

Friedrich, T., Kassam, A.H. y Shaxson, F. 2009. Conservation agriculture. En: *Agriculture for developing countries. Science and technology options assessment (STOA) project.* Parlamento Europeo. Karlsruhe, Alemania, European Technology Assessment Group.

- *Cultivar una mayor variedad de especies de plantas,* tanto perennes como anuales, en asociaciones, secuencias y rotaciones en las que se pueden incluir árboles, arbustos, pastos y cultivos para mejorar la nutrición de los cultivos y mejorar la resistencia del sistema.

Estas tres prácticas suelen asociarse con la agricultura de conservación, adoptada ampliamente en regiones tanto desarrolladas como en desarrollo*. Sin embargo, para conseguir la intensificación sostenible necesaria para incrementar la producción de alimentos, es necesario que tales prácticas se acompañen de otras cuatro prácticas de gestión, a saber:

- *El empleo de variedades bien adaptadas y de alto rendimiento* con una calidad nutricional mejorada y resistentes al estrés biótico y abiótico.
- *La nutrición mejorada de los cultivos basada en unos suelos sanos* mediante la rotación de cultivos y el uso racional de fertilizante orgánico e inorgánico.
- *El manejo integrado de plagas, enfermedades y malas hierbas* empleando prácticas adecuadas, biodiversidad y plaguicidas selectivos y de bajo riesgo cuando sea necesario.
- *La gestión eficiente del agua* mediante la obtención de más cultivos con menos agua, al tiempo que se conserva la salud del suelo y se reducen al mínimo las repercusiones fuera de la explotación.

* La agricultura de conservación es practicada en la actualidad en unos 117 millones de ha en todo el mundo, equivalentes al 8% de las tierras cultivables. El mayor índice de adopción (más del 50% de las tierras cultivables) se registra en Australia, el Canadá y el Cono Sur de América del Sur. En África, Asia central y China su adopción es cada vez mayor.

Idealmente la ISPA es la combinación de estas siete prácticas aplicadas simultáneamente de manera oportuna y eficiente. No obstante, la naturaleza de los sistemas de producción sostenible es dinámica, por lo que los agricultores deberían tener a su disposición muchas combinaciones posibles de prácticas entre las que elegir y a las que adaptarse en función de las condiciones productivas locales y las limitaciones existentes[2-5].

Aplicadas conjuntamente o en diversas combinaciones, las prácticas recomendadas contribuyen a proporcionar importantes servicios ecosistémicos y trabajan de manera sinérgica para producir resultados positivos en cuanto a la productividad general y de cada factor. Por ejemplo, para una cantidad dada de precipitaciones la humedad del suelo disponible para las plantas depende de la manera en que se gestionan la superficie del suelo, la materia orgánica existente en él y los sistemas de raíces de las plantas. La productividad del agua cuando la humedad del suelo es notable mejora cuando los suelos están sanos y la nutrición de las plantas es adecuada. Cuando la infiltración hídrica y la cubierta del suelo son buenas se reduce al mínimo la evaporación en la superficie y se amplían al máximo la eficiencia y la productividad del uso del agua, en lo que también influye la capacidad de la propia planta de absorber y utilizar el agua.

Uno de los principales requisitos para la producción ecológicamente sostenible es un suelo sano, ya que crea un medio en la zona de las raíces que optimiza la actividad de la biota del suelo y permite el funcionamiento óptimo de las raíces. Las raíces son capaces de captar nutrientes y agua y de interactuar con diversos microorganismos del suelo beneficiosos tanto para la salud del mismo como para el rendimiento de los cultivos[2, 6, 7]. La conservación o la mejora del contenido de materia orgánica del suelo, la estructura del mismo y la porosidad conexa son los principales indicadores de la producción sostenible y otros servicios ecosistémicos.

Para conseguir la sostenibilidad a largo plazo, la pérdida de materia orgánica en cualquier sistema agrícola nunca debe superar el índice de formación del suelo. En la mayoría de los agroecosistemas esto no es posible si el suelo es alterado mecánicamente[8]. Por ello, un punto de partida importante para la intensificación sostenible de la producción —y un pilar de la ISPA— es la conservación de la estructura del suelo y de su contenido de materia orgánica mediante la limitación de la alteración mecánica del suelo en el proceso de arraigo del cultivo y de su posterior gestión.

Los métodos de producción con labranza mínima o sin labranza, tal y como se practican en la agricultura de conservación, han mejorado considerablemente las condiciones del suelo, reducido la degradación e incrementado la productividad en muchas partes del mundo. La mayoría de las tierras agrícolas siguen arándose, rastrillándose o sachándose antes de plantar los cultivos y durante el crecimiento de los mismos. Estas prácticas tienen como fin destruir las malas hierbas y facilitar la infiltración de agua y la plantación de cultivos. No obstante, la alteración recurrente de la capa superficial entierra la cubierta del suelo y podría desestabilizar la estructura del mismo. Un efecto adicional es la compactación del suelo, lo que reduce la productividad[9].

Una de las maneras en que la agricultura de conservación contribuye a la intensificación sostenible de la producción es la reducción al mínimo de la alteración del suelo y la retención de los residuos de los cultivos en su totalidad en la superficie del suelo. La agricultura de conservación incluye la labranza mínima (o en franjas), que altera solamente la porción del suelo que va a contener la fila de semillas, y el cultivo sin labranza (denominado también siembra sin labranza o directa), en el que se elimina la alteración mecánica del suelo y los cultivos se plantan directamente en un lecho de semillas que no ha sido labrado desde el cultivo anterior[3].

Otra consideración relativa a la gestión pertinente para la ISPA es la función desempeñada por la energía agrícola y la mecanización. En muchos países la carencia de energía agrícola es una limitación importante para la intensificación de la producción[10]. Empleando solo mano de obra manual un agricultor puede producir alimentos suficientes para alimentar, en promedio, a tres personas adicionales. Con la tracción animal esta cifra se duplica, y con un tractor asciende a 50 o más[11]. La mecanización adecuada puede mejorar la eficiencia energética en la producción agrícola, lo que a su vez mejora la sostenibilidad y la capacidad productiva y reduce los efectos perjudiciales en el medio ambiente[12, 13].

Al mismo tiempo, la incertidumbre acerca del precio y la disponibilidad de la energía en el futuro sugiere que habrá que adoptar medidas para reducir la energía agrícola necesaria. La agricultura de conservación puede reducir la energía agrícola necesaria hasta un 60% en comparación con la agricultura convencional. El ahorro se debe al hecho de que la mayoría de las operaciones de campo que requieren mucha energía, como la labranza, se eliminan o reducen al mínimo, lo que reduce la necesidad de mano de obra y energía, especialmente durante la preparación de la tierra. La inversión en equipo, y concretamente el número y el tamaño de los tractores, se reduce notablemente (si bien la agricultura de conservación requiere inversiones en aperos agrícolas nuevos y adecuados). El ahorro de energía también beneficia a los pequeños agricultores que emplean mano de obra o tracción animal. Los estudios realizados en la República Unida de Tanzanía indican que en el cuarto año de cultivo de maíz sin labranza con cultivos de cobertura, la mano de obra necesaria se había reducido en más de la mitad[14].

Posibles limitaciones

Algunas regiones agrícolas presentan retos especiales para la introducción de determinadas prácticas de ISPA. Por ejemplo, con arreglo a la agricultura de conservación, la carencia de precipitaciones en las zonas climáticas subhúmedas y semiáridas podría limitar la producción de biomasa, lo que a su vez reduce tanto la cantidad de cultivos que se pueden cosechar como la cantidad de residuos disponibles para emplear como cubierta del suelo, forraje o combustible. No obstante, el ahorro de agua conseguido al no labrar el suelo suele generar un incremento del rendimiento en los primeros años de adopción de esta práctica, a pesar de la carencia de residuos. La escasez de nutrientes para las plantas podría ser, asimismo, un factor limitante en zonas más húmedas, pero el mayor nivel de actividad biológica del suelo resultante puede incrementar la disponibilidad a largo plazo de fósforo y otros nutrientes[7, 15].

Los sistemas sin labranza o que apenas alteran el suelo se suelen considerar inadecuados para el cultivo en suelos con mal drenaje o compactos o en suelos con alto contenido de arcilla en climas fríos y húmedos. En el primer caso, si el drenaje deficiente es causado por el hecho de que el horizonte del suelo impermeable esté fuera del alcance del equipo de labranza, solamente los medios biológicos —como las raíces, las lombrices y las termitas— pueden romper tales barreras para permitir la infiltración de agua. Con el paso del tiempo estas soluciones biológicas son facilitadas por la alteración mínima del suelo. En el segundo caso, los suelos cubiertos por materia orgánica tardan más tiempo en calentarse y secar en comparación con la tierra arada. No obstante, el cultivo sin labranza es practicado con éxito por agricultores en condiciones muy frías en el Canadá y Finlandia, donde varios estudios han demostrado que la temperatura de los suelos cubiertos no desciende mucho en invierno[13, 16].

Otra concepción errónea de los sistemas con labranza mínima o sin labranza es que incrementan el empleo de insecticidas y herbicidas. En algunos sistemas intensivos la utilización integrada del cultivo sin labranza, el empleo de abono orgánico y la diversificación de cultivos ha dado lugar a la reducción del uso de insecticidas y herbicidas en lo que respecta tanto a la cantidad absoluta empleada como a la cantidad concreta de cada ingrediente activo aplicado por tonelada de producción, en comparación con la agricultura de labranza[12, 13].

En los sistemas manuales en pequeña escala los herbicidas se pueden sustituir por el manejo integrado de malas hierbas. Por ejemplo, desde que la agricultura de conservación se introdujo, en 2005, en el distrito de Karatu (República Unida de Tanzanía), los agricultores han cesado de arar y sachar la tierra y están produciendo cultivos mixtos de maíz, frijol de tierra y guandú plantados directamente. Este sistema produce una buena cubierta orgánica, por lo que el control de las malas hierbas puede realizarse a mano sin necesidad de herbicidas. Cada cierto número de años se rota y los campos se plantan con trigo. En líneas generales los resultados han sido positivos: el rendimiento del maíz ha aumentado, en promedio, de 1 t/ha a 6 t/ha. Este drástico incremento del rendimiento se consiguió sin emplear productos agroquímicos y utilizando estiércol como enmienda y fertilizante para el suelo[17].

Otro posible obstáculo a la adopción generalizada de la agricultura de conservación es la carencia de equipo adecuado como sembradoras y plantadoras sin labranza, a menudo inaccesibles para los pequeños agricultores de los países en desarrollo. Además, en los casos en que tal equipo se vende localmente suele ser más caro que el equipo convencional y requiere que el agricultor realice una inversión inicial considerable. Tales obstáculos pueden superarse facilitando las cadenas de suministro de insumos y la fabricación local del equipo, así como fomentando los servicios de contratistas o los sistemas de compartición del equipo entre agricultores para reducir los gastos. En la Llanura Indo-Gangética pueden encontrarse excelentes ejemplos de tales enfoques. En la mayoría de los escenarios de agricultura en pequeña escala, las plantadoras sin labranza que emplean la tracción animal satisfarían y superarían las necesidades de un único agricultor.

Sistemas agrícolas que permiten ahorrar y crecer

El enfoque ecosistémico de la intensificación de la producción agrícola es más eficaz cuando se aplican conjuntamente prácticas apropiadas que se refuerzan entre sí. Incluso cuando no es posible poner en práctica todas las prácticas recomendadas al mismo tiempo, debería fomentarse el avance hacia la consecución de tal objetivo. Los principios de la ISPA pueden integrarse fácilmente en los sistemas agrícolas que tienen características en común con los enfoques basados en el ecosistema o que pueden ser objeto de mejora mediante su respaldo con unos principios similares.

Producción agropecuaria integrada

Los sistemas de producción agropecuaria integrada son practicados por la mayoría de los pequeños productores de los países en desarrollo. Los pastos desempeñan importantes funciones ecológicas, ya que contienen un elevado porcentaje de gramíneas perennes que captan y almacenan de forma segura grandes cantidades de carbono en el suelo a unos índices muy superiores a los correspondientes a los cultivos anuales. Tal capacidad puede ampliarse ulteriormente con la gestión adecuada, por ejemplo sustituyendo los nutrientes exportados, conservando la diversidad de las especies de plantas y permitiendo la existencia de períodos de recuperación suficientes entre el empleo de la tierra para el pastoreo o la corta.

En los sistemas agrícolas convencionales existe una distinción clara entre las tierras cultivables y los pastos. Con la ISPA esta distinción desaparece, ya que los cultivos anuales pueden rotarse con pastos sin la intervención destructiva de la labranza del suelo. Este "cultivo de los pastos" ya es un avance prometedor realizado en diversos países. En Australia en el cultivo de los pastos se utilizan cultivos de invierno de siembra directa, como la avena, en pastos de, principalmente, especies nativas que crecen predominantemente en verano. Los beneficios sugeridos por los experimentos realizados sobre el terreno incluyen la reducción del riesgo de encharcamiento, filtración de nitratos y erosión del suelo[18].

En la práctica las innovaciones han aprovechado las sinergias existentes entre la producción agrícola, pecuaria y agroforestal para fomentar la sostenibilidad económica y ecológica a la vez que se proporciona un flujo de valiosos servicios ecosistémicos. Mediante el incremento de la diversidad biológica, el reciclaje eficiente de los nutrientes, la mejora de la salud del suelo y la conservación de los bosques, estos sistemas incrementan la resistencia ambiental y contribuyen a la adaptación al cambio climático y a la mitigación del mismo. Además, aumentan la diversificación y la eficiencia de los medios de subsistencia mediante la optimización de los insumos productivos, tales como la mano de obra, e incrementan la resistencia al estrés económico[19].

alfalfa

trigo

Producción sostenible de arroz y trigo

La productividad sostenible de los sistemas de cultivo de arroz y trigo fue conseguida por primera vez en la Llanura Indo-Gangética (Bangladesh, India, Nepal y Pakistán) por el Consorcio del Arroz y el Trigo, a iniciativa del GCIAI y de los centros nacionales de investigación agrícola. Este sistema se lanzó en la década de 1990 en respuesta al estancamiento de la productividad de los cultivos, a la pérdida de materia orgánica del suelo y a la reducción de la capa freática[20].

El sistema consiste en la plantación de trigo posteriormente al arroz mediante sembradoras tiradas por tractores, técnica que permite plantar las semillas directamente en campos sin arar de una única pasada. Dado que esta maquinaria agrícola especializada no estaba disponible inicialmente en Asia meridional, la clave para difundir la técnica fue fomentar la capacidad de fabricación local para proporcionar sembradoras sin labranza asequibles. Un estudio realizado por el IFPRI[21] demuestra que el cultivo de trigo sin labranza genera beneficios económicos inmediatos, identificables y demostrables. Permite, además, realizar la plantación con antelación, contribuye a luchar contra las malas hierbas y permite la conservación notable de recursos como el combustible diésel y el agua de riego. Se ha calculado que los gastos ahorrados ascienden a 52 USD por hectárea gracias, principalmente, a la drástica reducción del tiempo de uso de tractor y el combustible necesarios para la preparación de la tierra y el arraigo del trigo.

Unos 620 000 agricultores en 1,8 millones de ha de la Llanura Indo-Gangética han adoptado el sistema y reciben unos ingresos medios de 180-340 USD por familia. Para replicar el enfoque en otros lugares serán necesarios la investigación y el desarrollo participativos y adaptativos en la granja, vínculos entre los agricultores y los proveedores de tecnología y, sobre todo, intervenciones que sean económicamente atractivas.

Ventajas financieras de la labranza cero en comparación con la labranza corriente en Haryana (India) (USD/ha)

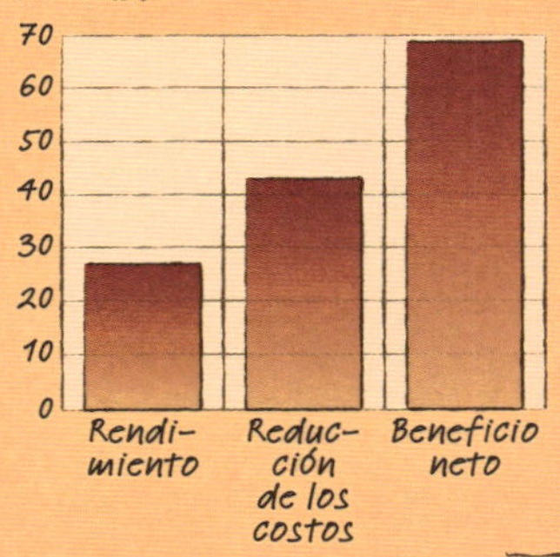

Erenstein, O. 2009. Adoption and impact of conservation agriculture based resource conserving technologies in South Asia. En: Proceedings of the 4th world congress on conservation agriculture, 4-7 febrero, 2009, Nueva Delhi, India. *Nueva Delhi, World Congress on Conservation Agriculture.*

alfalfa arbórea

Sistemas agroforestales

Los sistemas forestales, formados por el cultivo de plantas leñosas perennes y cultivos anuales, se emplean de manera creciente en tierras degradadas, normalmente con leguminosas perennes. La agricultura de conservación funciona bien con sistemas agroforestales y con varios sistemas de cultivos arbóreos, y los agricultores de regiones tanto en desarrollo como desarrolladas los practican en una forma u otra. Estos sistemas podrían mejorarse ulteriormente mediante el perfeccionamiento de las asociaciones de cultivos, incluidas las leguminosas, y

maíz

la integración con el ganado. El cultivo en hileras es una innovación en este ámbito que ofrece beneficios ambientales, económicos y en materia de productividad a los productores[22]. Otro ejemplo es el uso de diversas densidades de "árboles fertilizadores", los cuales mejoran la fijación biológica de nitrógeno, conservan la humedad e incrementan la producción de biomasa para su uso como residuos de superficie (véase el Capítulo 3, ***La salud del suelo***).

Sistema de escarificación en Namibia

Algunos agricultores del norte de Namibia están aplicando prácticas de agricultura de conservación para producir cultivos tolerantes a la sequía, como el mijo, el sorgo y el maíz. El sistema de producción utiliza un escarificador arrastrado por un tractor para abrir la placa dura del suelo hasta una profundidad de 60 cm y formar surcos para recoger en el campo el agua de lluvia. El agua que se recoge se concentra en la zona de las raíces de los cultivos, que se siembran a lo largo de los surcos con una mezcla de fertilizante y abono. En el primer año se utilizan tractores para establecer este sistema. A partir del segundo año, los agricultores siembran directamente en los surcos con una sembradora directa arrastrada por animales.

Los residuos de los cultivos se destinan principalmente al ganado, pero el mayor volumen de biomasa producido por el sistema proporciona también algunos residuos para la cubierta del suelo. Se alienta a los agricultores a que roten sus cultivos con legumbres. Estas técnicas alargan la temporada agrícola y mejoran la estructura del suelo, además de incrementar la fertilidad y la retención de humedad. Las cosechas de maíz aumentaron en promedio de 300 kg/ha a más de 1,5 toneladas.

Otros sistemas productivos

Practicada en combinación con la agricultura de conservación, la ***agricultura orgánica*** puede contribuir a mejorar la salud del suelo y la productividad, aumentar la eficiencia en el uso de materia orgánica y ahorrar energía. La agricultura orgánica de conservación suministra productos principalmente a mercados especializados y es practicada en zonas del Brasil, Alemania y los Estados Unidos de América y por algunos agricultores de subsistencia de África. El ***cultivo migratorio*** implica el desmonte de tierras forestales para la producción de cultivos, tierras que son posteriormente abandonadas, lo que permite la reforestación natural y la recuperación de los nutrientes vegetales agotados. Si bien el cultivo migratorio no suele estar bien considerado, puede adaptarse para seguir los principios de la ISPA. En lugar de la corta y quema, los agricultores migratorios podrían adoptar sistemas de corta y abono orgánico, en los cuales la diversificación de los cultivos (incluidas las leguminosas y las especies perennes) reduce la necesidad de desmontar la tierra. Otros enfoques ecosistémicos, como el ***sistema de intensificación del arroz***, también han resultado ser fructíferos en determinadas circunstancias como base para la intensificación sostenible[23].

El camino por recorrer

Los sistemas agrícolas para la intensificación sostenible de la producción agrícola se basarán en los tres principios técnicos fundamentales descritos en este capítulo y se aplicarán empleando las siete prácticas de gestión recomendadas, a saber, la alteración mínima del suelo, la cubierta orgánica permanente del suelo, la diversificación de especies, el empleo de variedades adaptadas de alto rendimiento a partir de semillas de buena calidad, el manejo integrado de plagas, la nutrición de las plantas basada en suelos sanos y la gestión eficiente del agua. La integración de los pastos, los árboles y el ganado en el sistema productivo y el empleo de equipo y energía agrícola adecuados y suficientes también son componentes clave de la ISPA.

El paso a los sistemas de ISPA puede tener lugar bien rápidamente, si existe un entorno favorable adecuado, bien gradualmente, en zonas donde los agricultores se enfrentan a limitaciones agroecológicas, socioeconómicas o en materia de políticas como, por ejemplo, la carencia del equipo necesario. Si bien a corto plazo se conseguirán ciertos beneficios económicos y ambientales, es necesario que todos los interesados se comprometan a largo plazo para alcanzar los plenos beneficios de tales sistemas.

Será fundamental seguir de cerca los progresos realizados en las prácticas productivas y sus resultados correspondientes. Los indicadores socioeconómicos pertinentes son los beneficios de la explotación agrícola, la productividad de los factores, la cantidad de insumos externos aplicados por unidad de producción, el número de agricultores que practican sistemas intensificados sostenibles, el área cultivada y la estabilidad de la producción. Los indicadores relativos a los servicios ecosistémicos pertinentes son: una cantidad satisfactoria de materia orgánica en el suelo, el suministro de agua limpia desde una zona de agricultura intensiva, la reducción de la erosión, una mayor biodiversidad y vida silvestre en los paisajes agrícolas y la reducción tanto de la huella de carbono como de las emisiones de gases de efecto invernadero.

Los sistemas productivos para la ISPA requieren una gran cantidad de conocimientos y son relativamente complejos de dominar y aplicar. Para la mayoría de los agricultores, agentes de extensión, investigadores y responsables de las políticas, constituyen una nueva manera de actuar. Por consiguiente, es urgente fomentar la capacidad y ofrecer oportunidades de aprendizaje (mediante, por ejemplo, las escuelas de campo para agricultores) y apoyo técnico con vistas a mejorar las habilidades de todos los interesados. Para ello será necesario el apoyo coordinado en los ámbitos internacional y regional para reforzar las instituciones nacionales y locales. Las instituciones oficiales de educación y formación secundaria y terciaria tendrán que ampliar sus planes de estudio para incluir los principios y prácticas de la ISPA.

Capítulo 3

La salud del suelo

La agricultura debe, literalmente, volver a sus raíces redescubriendo la importancia de los suelos sanos, aprovechando las fuentes naturales de nutrientes para las plantas y empleando los fertilizantes minerales de manera racional.

El suelo es fundamental para la producción agrícola. Sin suelo no se podría producir alimentos a gran escala ni alimentar al ganado. Debido a que es finito y frágil, el suelo es un recurso muy valioso que necesita cuidados especiales por parte de sus usuarios. Muchos de los sistemas de gestión del suelo y los cultivos actuales son insostenibles. En un extremo del espectro se encuentra la Unión Europea, donde el uso excesivo de fertilizantes ha dado lugar al depósito de nitrógeno (N), lo que constituye una amenaza para la sostenibilidad de, aproximadamente, el 70% de la naturaleza[1]. En el extremo opuesto del espectro se encuentra la mayor parte del África subsahariana, donde el uso insuficiente de fertilizantes hace que los nutrientes del suelo exportados con los cultivos no se repongan, lo que ocasiona la degradación del suelo y la reducción del rendimiento.

Cabe preguntarse cómo se ha llegado hasta la situación actual. La principal causa fue cuadruplicación de la población mundial durante los últimos 100 años, lo que requirió un cambio fundamental de la gestión del suelo y los cultivos para producir más alimentos. Ello se consiguió, parcialmente, gracias al desarrollo y al uso masivo de fertilizantes minerales y, especialmente, nitrógeno, dado que la disponibilidad de N es el principal determinante del rendimiento en todos los cultivos más importantes[2-5].

Antes del descubrimiento de los fertilizantes minerales nitrogenados hacían falta siglos para acumular reservas de nitrógeno en el suelo[6]. A diferencia de ello, la explosión de la producción alimentaria en Asia durante la Revolución Verde se debió, principalmente, a la utilización intensiva de fertilizantes minerales junto con el germoplasma mejorado y el riego. La producción mundial de fertilizantes minerales aumentó casi un 350% entre 1961 y 2002, de 33 millones de toneladas a 146 millones de toneladas[7]. Los fertilizantes minerales son los responsables de, aproximadamente, un 40% del incremento de la producción de alimentos registrado durante los últimos 40 años[8].

La contribución de los fertilizantes a la producción de alimentos también ha conllevado costos importantes para el medio ambiente. Hoy en día Asia y Europa presentan los mayores índices de uso de fertilizante mineral por hectárea. También se enfrentan a los mayores problemas de contaminación ambiental resultante del empleo excesivo de fertilizante, como la acidificación del suelo y el agua, la contaminación de los recursos hídricos de superficie y subterráneos y el aumento de las emisiones de gases de efecto invernadero potentes. En China la eficiencia actual del consumo de N es solamente del 26-28% en el caso del arroz, el trigo y el maíz y menor al 20% en el caso de las hortalizas[9]. El resto se libera directamente al medio ambiente.

Las repercusiones de los fertilizantes minerales en el medio ambiente dependen de la gestión, concretamente de cuestiones como la cantidad de fertilizante empleada en comparación con la cantidad exportada con los cultivos o el método y el calendario de aplicación. En otras palabras, es la *eficiencia* del uso de fertilizante, especialmente de N y fósforo (P), la que determina si este aspecto de la gestión del suelo es de gran ayuda para los cultivos o si, por el contrario, es un factor negativo para el medio ambiente.

El reto, por lo tanto, reside en abandonar las prácticas insostenibles actuales en favor de la gestión de la tierra que pueda constituir unos cimientos sólidos para la intensificación sostenible de la producción agrícola. En muchos países se necesitan cambios mucho mayores en la gestión del suelo. Los nuevos enfoques fomentados en la presente publicación toman como base el trabajo realizado por la FAO[10-12] y muchas otras instituciones[13-20] y se centran en la gestión de la salud del suelo.

La gestión de la salud del suelo

La salud del suelo se ha definido como: "la capacidad del suelo de funcionar como un sistema vivo. Los suelos sanos mantienen una diversa comunidad de organismos del suelo que ayudan a controlar las enfermedades de las plantas, los insectos y las malas hierbas, forman asociaciones simbióticas beneficiosas con las raíces de las plantas, reciclan los nutrientes vegetales esenciales, mejoran la estructura del suelo con efectos positivos para la capacidad de retención de agua y nutrientes del suelo y, en última instancia, mejoran la producción agrícola"[21]. A tal definición puede añadirse una perspectiva ecosistémica: un suelo sano no contamina su entorno, sino que contribuye a mitigar el cambio climático conservando o incrementando su contenido de carbono.

El suelo contiene una de las poblaciones de organismos vivos más diversas de la Tierra, vinculados estrechamente mediante una compleja red alimentaria. El suelo puede estar enfermo o sano en función de cómo se gestione. Dos características fundamentales de un suelo sano son la rica diversidad de su biota y el elevado contenido de materia orgánica no viva en el suelo. Si la materia orgánica aumenta o se mantiene en una cantidad satisfactoria para el crecimiento productivo de los cultivos, es razonable suponer que el suelo está sano. El suelo sano es resistente a los brotes de plagas transmitidas por el suelo. La mala hierba parasítica *Striga*, por ejemplo, constituye un problema mucho menos grave en los suelos sanos[22]. Además, los daños causados por plagas que no se transmiten por el suelo, como el barrenador del tallo del maíz, son menores en suelos fértiles[23].

La diversidad de la biota del suelo es mayor en los trópicos que en suelos de climas templados[24]. Dado que el índice de intensificación agrícola en el futuro será, en líneas generales, mayor en los trópicos, los agroecosistemas de estas zonas se encuentran especialmente amenazados por la degradación del suelo. Toda pérdida de la biodiversidad y, en última instancia, del funcionamiento del ecosistema afectará más a los agricultores de subsistencia de los trópicos que a los de otras regiones porque dependen en mayor medida de estos procesos y sus servicios.

Las interacciones funcionales de la biota del suelo con componentes orgánicos e inorgánicos, el aire y el agua determinan la capacidad del suelo de almacenar y liberar nutrientes y agua a las plantas, así como de promover y sustentar su crecimiento. Las grandes reservas de nutrientes almacenados no son, por sí mismas, garantía de la elevada fertilidad del suelo o de una gran producción agrícola. Dado que las plantas absorben la mayoría de sus nutrientes en una forma soluble en agua, la transformación y el ciclo de los nutrientes —mediante procesos que pueden ser biológicos, químicos o físicos— son cruciales. Los nutrientes deben ser transportados a las raíces de las plantas a través de agua fluida. Por consiguiente, la estructura del suelo es otro componente clave de un suelo sano porque determina su capacidad de retención de agua y la profundidad de enraizamiento. La profundidad de enraizamiento podría verse limitada por obstáculos físicos, como una capa freática próxima a la superficie, un lecho de roca u otras capas impenetrables, o por problemas químicos como la acidez del suelo, la salinidad, la sodicidad o las sustancias tóxicas presentes en él.

La escasez de cualquiera de los 15 nutrientes necesarios para el crecimiento de las plantas puede limitar el rendimiento del cultivo. Para conseguir la mayor productividad necesaria para satisfacer la demanda de alimentos actual y futura es urgente garantizar la disponibilidad de dichos nutrientes en el suelo y aplicar una cantidad equilibrada de los mismos de fuentes orgánicas y fertilizantes minerales, si es necesario. La provisión oportuna de micronutrientes en fertilizantes enriquecidos es una fuente potencial de nutrición mejorada de los cultivos en los casos en que existen deficiencias.

El nitrógeno también se puede añadir al suelo mediante la integración de leguminosas y árboles fijadores de N en los sistemas agrícolas (véase, asimismo, el Capítulo 2, *Sistemas de explotación agrícola*). Dado que tienen raíces profundas, los árboles y algunas leguminosas que mejoran el suelo tienen la capacidad de bombear hacia la superficie nutrientes del subsuelo que, de otro modo, nunca llegarían a los cultivos. La nutrición de los cultivos puede mejorarse con otras asociaciones biológicas: por ejemplo, entre las raíces de los cultivos y las micorrizas del suelo, que ayudan a la yuca a captar fósforo en los suelos agotados. En los casos en que estos procesos ecosistémicos no consiguen suministrar nutrientes suficientes para conseguir un rendimiento elevado, la producción intensiva dependerá de la aplicación racional y eficiente de fertilizantes minerales.

La combinación de procesos ecosistémicos y el uso racional de fertilizantes minerales conforma la base de un sistema de gestión sostenible de la salud del suelo capaz de producir un rendimiento más alto empleando menos insumos externos.

Tecnologías que permiten ahorrar y crecer

No es probable que una única técnica pueda solucionar las limitaciones concretas relativas a la salud y la fertilidad del suelo existentes en diferentes lugares. No obstante, los principios básicos de la buena gestión de la salud del suelo, descritos más arriba, se han aplicado fructíferamente en una gran variedad de agroecologías y en condiciones socioeconómicas diversas.

Tomando como base los principios de gestión de la salud del suelo, las investigaciones realizadas en diferentes regiones del mundo han determinado algunas de las técnicas que producen mejores resultados. Los siguientes ejemplos describen sistemas de gestión agrícola que presentan un elevado potencial para la intensificación y la producción sostenible. Abordan problemas concretos relativos a la fertilidad del suelo en diferentes zonas agroecológicas y han sido ampliamente adoptados por los agricultores. Podrían servir como modelo para que los socios nacionales elaborasen políticas que animasen a los agricultores a adoptar estas técnicas como parte de la intensificación sostenible.

de Moraes Sá, J.C. 2010. No-till cropping system in Brazil: Its perspectives and new technologies to improve and develop. *Presentación preparada para la Conferencia Internacional de Ingeniería Rural, 6-8 septiembre 2010, Clermont-Ferrand, Francia (http://www.ageng2010. com/files/file-inline/ J-C-M-SA.pdf).*

Expansión de la superficie bajo labranza cero en Brasil (millones de ha)

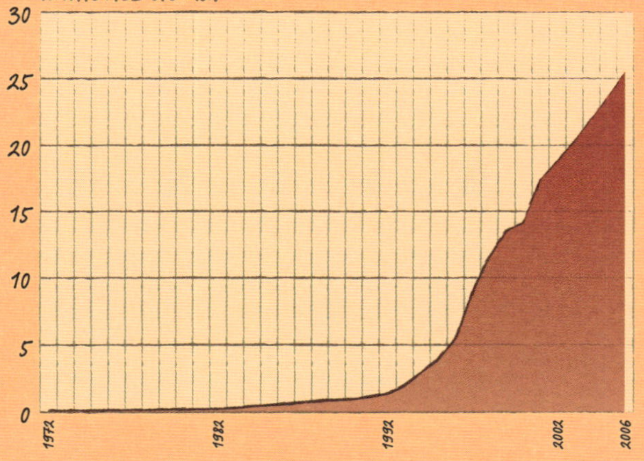

Aumento de la materia orgánica del suelo en América Latina

Los oxisoles y los utisoles son los tipos de suelos dominantes en las regiones de sabana tropical del Cerrado y de pluviselvas de la Amazonia en el Brasil, y también son muy frecuentes en la zona de bosque húmedo de África. Estos suelos se encuentran entre los más antiguos del planeta y son pobres en nutrientes y muy ácidos debido a su reducida capacidad de almacenar nutrientes –y cationes en particular– en sus capas de superficie y subsuelo. Además, al estar ubicados en regiones con copiosas precipitaciones, estos suelos son propensos a la erosión si la superficie no está protegida por cubierta vegetal.

Al convertir la tierra de la vegetación natural al uso agrícola es necesario hacer un esfuerzo especial por reducir al mínimo la pérdida de materia orgánica del suelo. Los sistemas de gestión de estos suelos se han diseñado para conservar e incluso aumentar la materia orgánica proporcionando una cubierta permanente del suelo, mediante el empleo de materia orgánica rica en carbono, y garantizando el cultivo con labranza mínima o sin labranza en la superficie. Estas prácticas constituyen un componente fundamental del enfoque de la ISPA.

Tales sistemas están siendo adoptados rápidamente por los agricultores en muchas zonas de América Latina y, especialmente, en las zonas húmedas y subhúmedas, porque controlan la erosión del suelo y generan ahorros al reducir la mano de obra necesaria. Su adopción ha venido facilitada por la estrecha colaboración entre los servicios de investigación y extensión gubernamentales, las asociaciones de agricultores y las empresas privadas que producen productos agroquímicos, semillas y maquinaria. El cultivo sin labranza se ha difundido rápidamente y en la actualidad cubre 26 millones de hectáreas en oxisoles y ultisoles en el Brasil.

Fijación biológica del nitrógeno para enriquecer los suelos pobres en N de las sabanas africanas

La producción agrícola de las regiones de sabana del África occidental, oriental y austral se ve gravemente limitada por la deficiencia de N y P en los suelos[17, 25], así como por la falta de micronutrientes como zinc y molibdeno. El empleo de cultivos leguminosos y árboles capaces de fijar nitrógeno atmosférico en combinación con la aplicación de fertilizantes minerales fosfatados ha producido resultados muy prometedores en las evaluaciones en las explotaciones agrícolas realizadas por el Instituto de Biología y Fertilidad de los Suelos Tropicales, el Centro Mundial de Agrosilvicultura y el Instituto Internacional de Agricultura Tropical (IITA).

La combinación de la aplicación de fertilizantes minerales y una leguminosa de grano de doble propósito como la soja, intercalada o rotada con el maíz, aumentó el rendimiento del maíz en Kenya del 140% al 300%[17] y resultó en un balance de N positivo en el sistema agrícola. Las leguminosas de grano de doble propósito producen una gran cantidad de biomasa con sus hojas secas y sus raíces, además de un rendimiento de grano aceptable. Diversas comunidades agrícolas del África oriental y austral han adoptado este sistema[26], que presenta la ventaja adicional de ayudar a los agricultores a combatir la mala hierba *Striga*, ya que algunos cultivares de soja actúan como "cultivos trampa", lo que obliga a las semillas de *Striga* a germinar cuando sus huéspedes usuales, el maíz o el sorgo, no están presentes[10, 27].

En el África oriental y austral los sistemas de cultivo de maíz con deficiencia de N han incrementado su productividad gracias al barbecho mejorado con árboles y arbustos leguminosos. En una hectárea de plantación, especies como *Sesbania sesban*, *Tephrosia vogelii* y *Crotalaria ochroleuca* acumulan en sus hojas y raíces cerca de 100 a 200 kg de nitrógeno –dos tercios procedentes de la fijación de nitrógeno– a lo largo de un período comprendido entre seis meses y dos años. Junto con las aplicaciones posteriores de fertilizante mineral, este barbecho mejorado proporciona suficiente N para tres cultivos de maíz posteriores como máximo, lo que resulta en un rendimiento cuatro veces mayor que el obtenido en sistemas sin barbecho.

Las investigaciones al respecto indican que un sistema agroforestal completo con rotaciones de barbecho y árboles de valor elevado puede triplicar las reservas de carbono de una explotación agrícola en 20 años[28]. El sistema ha tenido tanto éxito que decenas de miles de agricultores de Kenya, Malawi, Mozambique, la República Unida de Tanzanía, Uganda, Zambia y Zimbabwe están adaptando las técnicas que lo componen a sus condiciones locales.

Sesbania sesban

Cantidades medias de nitrógeno que fijan diversas legumbres (kg N/ha/año)

FAO. 1984. Legume inoculants and their use. *Roma.*

Faidherbia albida

El cultivo de perennifolios en el Sahel (África)

La acacia albida (*Faidherbia albida*) es un componente natural de los sistemas agrícolas del Sahel. Es muy compatible con los cultivos alimentarios porque no compite con ellos por luz, nutrientes o agua. De hecho, este árbol pierde sus hojas, ricas en nitrógeno, durante la temporada húmeda, lo que proporciona una cubierta vegetal protectora que también sirve como fertilizante natural para los cultivos. La Unidad de Agricultura de Conservación de Zambia ha comunicado un rendimiento del maíz sin fertilizantes de 4,1 t/ha en la vecindad de acacias albidas, en comparación con el rendimiento de 1,3 t del maíz cultivado cerca de estos árboles, pero fuera de la cubierta de copas[29]. En la actualidad más de 160 000 agricultores de Zambia producen cultivos alimentarios en 300 000 ha con acacias albidas. De igual modo, se han observado resultados prometedores en Malawi, donde el rendimiento del maíz cultivado en la vecindad de acacias albidas es casi el triple que el rendimiento del maíz cultivado en zonas alejadas. En el Níger existen más de 4,8 millones de ha cultivadas mediante actividades agroforestales con acacia albida, lo que ha mejorado la producción de mijo y sorgo.

Miles de pequeñas explotaciones de secano de Burkina Faso también están cambiando a estos sistemas agrícolas con perennifolios.

Rendimientos de los cultivos bajo y fuera de la cubierta de copas de *Faidherbia albida* (t/ha)

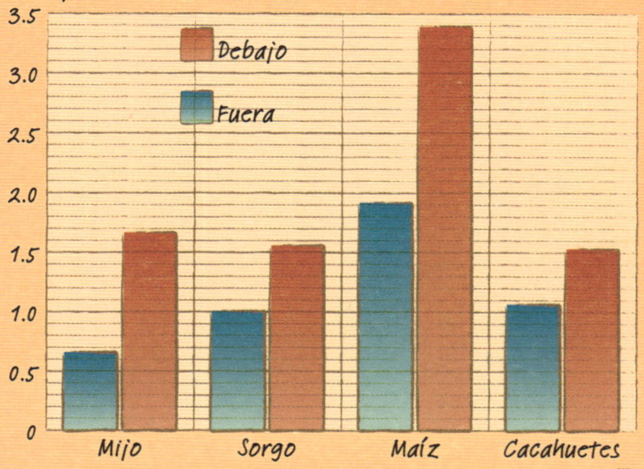

FAO. 1999. Agroforestry parklands in sub-Saharan Africa, *por J.-M. Boffa. Roma.*

La aplicación de urea en profundidad en el cultivo de arroz en Bangladesh

En toda Asia los agricultores aplican fertilizante nitrogenado al arroz antes de trasplantarlo mediante la difusión de una aplicación basal de urea al suelo húmedo, o al agua estacionaria, y la posterior difusión de una o más aplicaciones de cobertura de urea en las semanas posteriores al trasplante y previas a la fase de floración. Tales prácticas son agronómica y económicamente ineficientes y dañinas para el medio ambiente. Las plantas de arroz emplean solamente una tercera parte del fertilizante aplicado[30], mientras que la mayor parte del fertilizante restante se pierde al ser transmitido al aire mediante la volatilización y al agua superficial de escorrentía. Tan solo permanece en el suelo una pequeña cantidad de fertilizante, disponible para los cultivos posteriores.

Una manera de reducir la pérdida de N es comprimir la urea perlada para formar supergránulos de urea (SGU), que se introducen a 7-10 cm de profundidad entre las plantas. Conocida comúnmente como aplicación de urea en profundidad, esta práctica duplica el porcentaje de N absorbido por las plantas[31-35], reduce el N que se pierde al ser transmitido al aire y al agua superficial de escorrentía y ha producido incrementos medios del rendimiento del

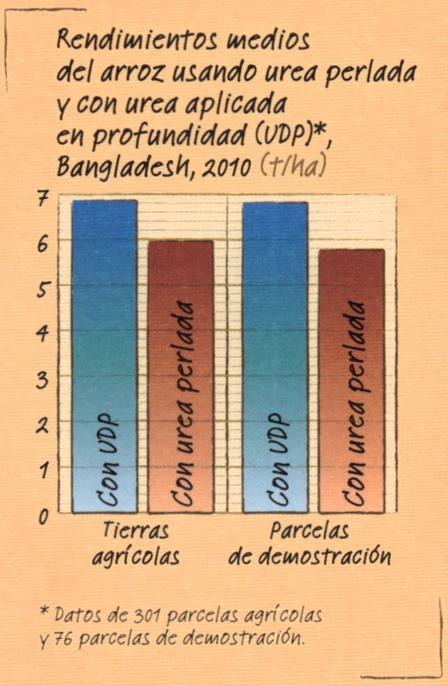

IFDC. 2010. Improved livelihood for Sidr-affected rice farmers (ILSAFARM). *Quarterly report submitted to USAID Bangladesh, No. 388-A-00-09-00004-00. Muscle Shoals, EE.UU.*

18% en los campos de los agricultores. El Centro internacional de promoción de los fertilizantes y la Agencia de los Estados Unidos para el Desarrollo Internacional están ayudando a los pequeños productores a ampliar la técnica de la aplicación de urea en profundidad en todo Bangladesh. El objetivo es que en cinco años el número de agricultores que emplean esta técnica haya alcanzado los dos millones[36]. La técnica se está difundiendo rápidamente en Bangladesh y está siendo investigada por otros 15 países, la mayoría de ellos del África subsahariana. Las máquinas empleadas para producir SGU en Bangladesh se fabrican localmente y cuestan entre 1 500 y 2 000 USD.

Gestión de nutrientes en función de la ubicación en el cultivo intensivo de arroz

El Instituto Internacional de Investigaciones sobre el Arroz (IRRI) y sus asociados nacionales han elaborado el sistema de gestión de nutrientes en función de la ubicación (GNFU) para la producción altamente intensiva de arroz. La GNFU es un sofisticado sistema de conocimientos centrado en el monocultivo doble y triple de arroz. Los análisis realizados en 180 lugares de ocho zonas importantes de arroz de regadío de Asia permitieron llegar a la conclusión de que este sistema generó un incremento del 30-40% de la eficiencia del uso de N gracias, principalmente, a la mejora de la gestión del N. En todos los lugares y en cuatro cosechas sucesivas de arroz, la rentabilidad aumentó, en promedio, un 12%.

En varias provincias de China la GNFU redujo un tercio el empleo de fertilizante nitrogenado por parte de los agricultores, mientras que incrementó el rendimiento un 5%[37]. Una estrategia de gestión del N en función de la ubicación fue capaz de incrementar la eficiencia de la absorción cerca del 370% en la llanura de China septentrional[9]. Dado que la eficiencia media de recuperación de fertilizante nitrogenado de las plantas de sistemas intensivos de arroz solamente asciende al 30%, tales hitos son notables y contribuyen de manera importante a reducir los efectos ambientales negativos de la producción de arroz. La compleja tecnología de GNFU está siendo simplificada para facilitar su amplia adopción por los agricultores.

arroz

El camino por recorrer

Las siguientes medidas son necesarias para mejorar las prácticas de gestión de la tierra actuales y proporcionar una base sólida para la adopción con éxito de la intensificación sostenible de la producción agrícola. La responsabilidad de la aplicación reside en los asociados nacionales, asistidos por la FAO y otros organismos internacionales.

Crear reglamentos nacionales para la gestión acertada de la tierra. Un marco de políticas de apoyo debería tener como objetivo animar a los agricultores a adoptar sistemas agrícolas sostenibles basados en suelos sanos. Se necesita liderazgo para establecer y seguir de cerca las mejores prácticas con la participación activa de los pequeños agricultores y sus comunidades. Los gobiernos deben estar preparados para reglamentar las prácticas agrícolas que causan la degradación del suelo o que suponen graves amenazas para el medio ambiente.

Seguir de cerca la salud del suelo. Los responsables de las políticas y las instituciones nacionales encargadas de velar por el medio ambiente están demandando métodos y herramientas para verificar las repercusiones de las prácticas agrícolas. Si bien el seguimiento de la salud del suelo es una tarea muy complicada, ya se están tomando medidas para llevarlo a cabo en los planos mundial[38], regional y nacional[39]. El seguimiento de las repercusiones de la producción agrícola ha avanzado notablemente en los países desarrollados pero en muchos países en desarrollo todavía está comenzando. La FAO y sus asociados han elaborado una lista de métodos y herramientas para realizar evaluaciones y el seguimiento de las tareas[40]. Deberían identificarse los principales indicadores de la calidad de la tierra que necesitan ser desarrollados de manera inmediata y a largo plazo[41]. Los indicadores prioritarios son el contenido de materia orgánica del suelo, el balance de nutrientes, la brecha del rendimiento, la intensidad y la diversidad del uso de la tierra y la cubierta vegetal. Los indicadores que todavía necesitan ser desarrollados son la calidad del suelo, la degradación de la tierra y la biodiversidad agrícola.

Fomentar la capacidad. La gestión de la salud del suelo requiere una gran cantidad de conocimientos y para su amplia adopción será necesario fomentar la capacidad mediante programas de formación para los trabajadores de extensión y los agricultores. También habrá que mejorar las habilidades de los investigadores en los planos tanto nacional como internacional, con vistas a proporcionarles los conocimientos necesarios para respaldar la gestión del suelo con arreglo a la ISPA. Los responsables de las políticas deberían explorar nuevos enfoques, como los grupos de apoyo para la cooperación sobre investigación adaptativa[42], que proporcionen apoyo técnico y formación en el puesto de trabajo a las instituciones nacionales de investigación y traduzcan los resultados en unas directrices prácticas para los pequeños agricultores. Será necesario reforzar la capacidad nacional para realizar investigaciones en las explotaciones agrícolas y dirigirla a reducir la variabilidad espacial y temporal mediante, por ejemplo, el mejor uso de la modelización de ecosistemas.

Difundir información y comunicar los beneficios. Toda aplicación a gran escala de la gestión de la salud del suelo requiere la amplia disponibilidad de información de apoyo, especialmente mediante canales con los que los agricultores y los trabajadores de extensión estén familiarizados. Dada la elevada prioridad otorgada a la salud del suelo en la ISPA, los medios de comunicación empleados deben ser no solo los periódicos y los programas de radio nacionales, sino también las tecnologías de la información y la comunicación modernas como los teléfonos móviles e Internet, que pueden ser mucho más eficaces a la hora de hacer llegar la información a los agricultores jóvenes.

Capítulo 4

Cultivos y variedades

Los agricultores necesitarán un conjunto genéticamente diverso de variedades mejoradas de cultivos que sean adecuadas para múltiples agroecosistemas y prácticas agrícolas y resistentes al cambio climático.

La intensificación sostenible de la producción agrícola requerirá cultivos y variedades mejor adaptados a las prácticas productivas basadas en el ecosistema que los disponibles en la actualidad, diseñados para la agricultura que requiere una gran cantidad de insumos. El uso selectivo de insumos externos supondrá que las plantas tendrán que ser más productivas, emplear los nutrientes y el agua de manera más eficiente, ser más resistentes a las plagas de insectos y las enfermedades y ser más tolerantes a la sequía, las inundaciones, la helada y las temperaturas más altas. Las variedades empleadas en la ISPA deberán adaptarse a las zonas y los sistemas productivos menos favorecidos y tendrán que producir alimentos con un valor nutricional más elevado y con propiedades organolépticas deseables y ayudar a mejorar la provisión de servicios ecosistémicos.

Estos nuevos cultivos y variedades serán empleados en sistemas productivos cada vez más diversos en los que la biodiversidad agrícola conexa —como el ganado, los polinizadores, los depredadores de plagas, los organismos del suelo y los árboles fijadores de nitrógeno— es también importante. Las variedades adecuadas para la ISPA tendrán que ser adaptadas a las prácticas productivas y los sistemas agrícolas, en constante evolución, (véase el Capítulo 2) y al manejo integrado de plagas (véase el Capítulo 6).

La ISPA será llevada a cabo en combinación con la adaptación al cambio climático, el cual, según las previsiones, ocasionará alteraciones en el calendario, la frecuencia y el volumen de las precipitaciones, lo que a su vez ocasionará sequías graves en algunas zonas e inundaciones en otras. Es probable que se registre un incremento de los episodios meteorológicos extremos junto con la erosión del suelo, la degradación de la tierra y la pérdida de biodiversidad. Muchas de las características necesarias para la adaptación al cambio climático son similares a las necesarias para la ISPA. El aumento de la diversidad genética mejorará la adaptabilidad, mientras que la mayor resistencia al estrés biótico y abiótico incrementará la resistencia general de los sistemas agrícolas.

La consecución de la ISPA implica obtener no solo un nuevo abanico de variedades, sino una cartera cada vez más diversa de variedades de un abanico ampliado de cultivos, muchos de los cuales reciben poca atención en la actualidad por parte de los fitomejoradores públicos o privados. Los agricultores deberán contar, asimismo, con los medios y la oportunidad de emplear estos materiales en sus diferentes sistemas productivos. Por ello la gestión de los recursos fitogenéticos, el desarrollo de cultivos y variedades y la distribución de semillas y material de plantación adecuados y de gran calidad a los agricultores son contribuciones fundamentales para la ISPA.

Principios, conceptos y limitaciones

El sistema que proporcionará variedades adaptadas y de alto rendimiento a los agricultores consta de tres partes: *conservación y distribución de los recursos fitogenéticos, obtención de variedades* y *producción y distribución de semillas*. Cuando más fuertes sean los vínculos entre estas diferentes partes, mejor funcionará el sistema al completo. Para la obtención de variedades habrá que disponer de material conservado y mejorado y generar nuevas variedades a un ritmo que satisfaga las cambiantes demandas y necesidades. Es fundamental llevar a cabo la distribución oportuna a los agricultores de material adaptado adecuado, de la calidad y en la cantidad correctas y a un costo aceptable. Para su correcto funcionamiento el sistema necesita un marco institucional adecuado, así como políticas y prácticas que respalden las partes que lo componen y los vínculos entre ellas.

La conservación mejorada de los recursos fitogenéticos —*ex situ, in situ* y en las explotaciones agrícolas— y la distribución mejorada de germoplasma a los diferentes usuarios dependen de los esfuerzos coordinados realizados en los planos internacional, nacional y local[1]. En la actualidad los bancos de germoplasma de todo el mundo conservan unos 7,4 millones de muestras de material, complementadas por la conservación *in situ* de variedades tradicionales y variedades silvestres afines a las plantas cultivadas por parte de programas nacionales y agricultores, así como por el material conservado en los programas de fitomejoramiento públicos y privados[2]. Los programas nacionales de conservación bien consolidados, combinados con el incremento de la disponibilidad y la distribución de una mayor diversidad interespecífica e intraespecífica, serán fundamentales para poner en práctica con éxito la ISPA.

La eficacia de los programas de mejoramiento de los cultivos se ve influida por diversas cuestiones técnicas, institucionales y en materia de políticas. Para la preselección de las variedades se necesita un gran abanico de materiales diversos. La genética molecular y otras biotecnológicas son ampliamente empleadas en la actualidad en los programas de mejoramiento tanto nacionales como del sector privado, y pueden realizar una contribución esencial a los objetivos de mejoramiento de la ISPA[3]. La dimensión reglamentaria y relativa a las políticas debe incluir no solo la distribución de variedades, sino también disposiciones concernientes a la protección de la propiedad intelectual, leyes sobre semillas y el empleo de técnicas de restricción.

Los beneficios de la conservación de recursos fitogenéticos y del fitomejoramiento no se harán realidad a menos que los agricultores reciban semillas de calidad de variedades mejoradas mediante un sistema eficaz de multiplicación y distribución de semillas. El análisis de las variedades de materiales prometedores de los programas de mejoramiento debe ir seguido de la inmediata distribución de las mejores variedades para la multiplicación de las semillas de generación temprana. La certificación de la producción de semillas, junto con la garantía de calidad proporcionada por el servicio nacional de semillas, son fases cruciales previas a la venta de las semillas a los agricultores. Tanto el sector público como el privado deberían respaldar esta cadena de valor y, donde sea posible, las empresas locales de semillas deberían producir semillas certificadas y vendérselas a los agricultores.

Los agricultores en pequeña escala de todo el mundo siguen dependiendo considerablemente de las semillas conservadas por los agricultores y tienen un acceso reducido a los sistemas comerciales de semillas. En algunos países, bastante más del 70% de las semillas, incluidas las de los principales cultivos, se gestionan dentro de sistemas de semillas conservadas por los agricultores. Tanto los sistemas de conservación de semillas en las explotaciones como los sistemas oficiales serán cruciales para la distribución de material adaptado a la ISPA. En las diversas prácticas y procedimientos adoptados en apoyo de la ISPA habrá que tener en cuenta el modo en que funcionan los sistemas de semillas conservadas por los agricultores y habrá que reforzarlos para aumentar el suministro de nuevo material a los fitomejoradores.

Para garantizar que las diferentes partes del sistema de suministro de material fitogenético y semillas pueden hacer frente a los retos impuestos por la ISPA, será necesario contar con un marco reglamentario y de políticas eficaz, con instituciones adecuadas, con un programa continuado de fomento de la capacidad y, sobre todo, con la participación de los agricultores. También es importante un programa de investigación sólido dirigido a proporcionar información, nuevas técnicas y material. Idealmente el programa debe reflejar los conocimientos y la experiencia de los agricultores, reforzar los vínculos entre los agricultores y los investigadores de diferentes ámbitos y satisfacer las necesidades dinámicas y cambiantes.

Enfoques que permiten ahorrar y crecer

Mejora de la conservación y el uso de los recursos fitogenéticos

Los recursos fitogenéticos –la diversidad interespecífica e intraespecífica de los cultivos, las variedades y las especies silvestres afines– son fundamentales para el desarrollo agrícola y para la mejora tanto de la cantidad como de la calidad de los alimentos y otros productos agrícolas. Los genes de variedades tradicionales y los afines silvestres de los cultivos constituyeron el núcleo de la Revolución Verde y proporcionaron los caracteres del semienanismo presentes en las variedades modernas del trigo y el arroz, además de incrementar la resistencia de los cultivos ante las principales plagas de insectos y enfermedades.

El éxito de la ISPA dependerá del empleo de recursos fitogenéticos de nuevas y mejores maneras. Sin embargo, la importancia crucial de los genes de variedades locales y afines silvestres de los cultivos en el desarrollo de nuevas variedades es proporcional a la preocupación creciente sobre la pérdida de biodiversidad en todo el mundo y sobre la necesidad de su conservación efectiva. El reconocimiento internacional de los recursos fitogenéticos se ve reflejado en las conclusiones de la Cumbre Mundial sobre la Seguridad Alimentaria[4], celebrada en 2009, en la ratificación por más de 120 países del Tratado Internacional sobre los Recursos Fitogenéticos para la Alimentación y la Agricultura (TIRFAA)[5] y en los objetivos estratégicos del Convenio sobre la Diversidad Biológica (CDB)[6].

La dimensión internacional desempeñará una función clave en la movilización de recursos fitogenéticos para la intensificación sostenible. El marco internacional para la conservación y el uso sostenible de los recursos fitogenéticos ha sido reforzado notablemente por el TIRFAA, el Fondo Mundial para la Diversidad de Cultivos y el programa de trabajo sobre biodiversidad agrícola del CDB. En la actualidad está surgiendo un sistema mundial que puede prestar apoyo a la ISPA. Dado que una gran parte de la diversidad necesaria para la ISPA podría estar conservada en otros países o en los bancos internacionales de germoplasma del GCIAI, la participación nacional en los programas internacionales será fundamental.

Los países en desarrollo tienen que reforzar sus programas nacionales relativos a los recursos fitogenéticos mediante la aprobación de la legislación adecuada para aplicar plenamente las disposiciones del TIRFAA. Se han elaborado unas directrices sobre la aplicación[7] y la Secretaría del TIRFAA, Bioversity International y la FAO están trabajando en cuestiones relativas a la aplicación en colaboración con unos 15 países. La aplicación del Plan de acción mundial sobre los recursos fitogenéticos actualizado y del artículo 9 del TIRFAA sobre los derechos de los agricultores contribuirá notablemente a la creación de un marco operativo nacional para la puesta en práctica de la ISPA.

Con vistas a adoptar estrategias de intensificación sostenible, los países deben conocer el grado y la distribución de la diversidad de las especies de los cultivos

Número de muestras recogidas cada año desde 1960 y conservadas en los principales bancos de genes

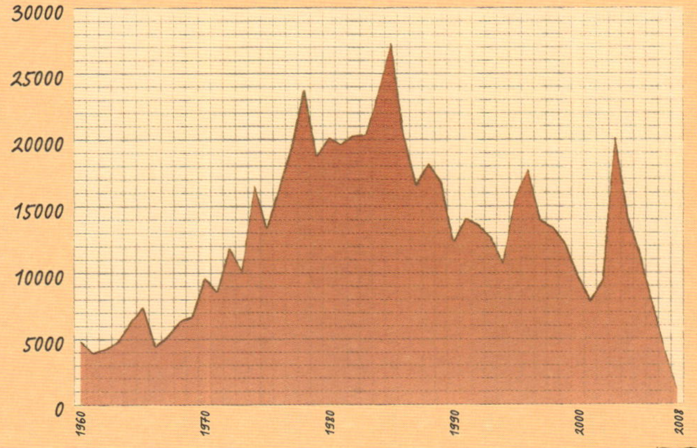

FAO. 2010. The Second Report on the State of the World's Plant Genetic Resources for Food and Agriculture. *Roma.*

banano

y sus afines silvestres. Las tecnologías de cartografía de la diversidad y de localización de la diversidad amenazada por el cambio climático han mejorado[8]. En un proyecto importante ejecutado en Armenia, Bolivia, Madagascar, Sri Lanka y Uzbekistán y respaldado por el Fondo para el Medio Ambiente Mundial se han diseñado y analizado diversas maneras de mejorar la conservación y el uso de afines silvestres de los cultivos. Los principales elementos son la creación de alianzas institucionales entre los organismos dedicados a la agricultura y el medio ambiente, la realización de inventarios de las especies nacionales y el análisis de mecanismos para identificar los afines silvestres prioritarios. Con arreglo a dicho proyecto se crearon y aplicaron planes de gestión de la conservación del área y las especies, se identificaron las medidas de gestión del cambio climático necesarias para conservar la diversidad útil y se iniciaron programas de fitomejoramiento que emplearon nuevo material determinado gracias a los trabajos de conservación y establecimiento de prioridades[9].

trigo silvestre

La intensificación requerirá el incremento del flujo entrante de germoplasma y variedades prometedoras en los programas de mejoramiento. El sistema multilateral de acceso y reparto de beneficios con arreglo al TIRFAA proporciona el marco internacional necesario, si bien –dada la creciente importancia de la diversidad para la ISPA– podría ser necesario ampliarlo para que cubriese un número mayor de cultivos que los incluidos en la actualidad en el anexo 1 del TIRFAA. En el ámbito técnico existen diversos procedimientos, como la Estrategia de identificación selectiva de germoplasma (en curso de elaboración), para identificar el material útil en colecciones extensas[10].

El traslado del material genético también requiere la mejora de la capacidad y las prácticas fitosanitarias, así como de la capacidad de distribución, de los bancos de germoplasma.

La caracterización y evaluación exhaustivas de las colecciones de los bancos de germoesperma en los ámbitos nacional y local, junto con la participación de los agricultores en la evaluación del material potencialmente útil, contribuirá de manera crucial a la mejora de la utilización de los recursos fitogenéticos. Su uso eficaz también requiere sólidos programas de investigación y preselección. La Iniciativa de colaboración mundial para el fortalecimiento de la capacidad de fitomejoramiento está elaborando un manual sobre la preselección para ayudar a incrementar tal capacidad. No obstante, en última instancia los países y el sector privado del fitomejoramiento tendrán que respaldar el refuerzo de la capacidad nacional de investigación agrícola con la introducción de cursos universitarios sobre conservación y fitomejoramiento para la ISPA.

Obtención de variedades mejoradas y adaptadas

La intensificación sostenible requiere variedades de cultivos adecuadas a diferentes prácticas agronómicas, a las necesidades de los agricultores en agroecosistemas localmente diversos y a los efectos del cambio climático. Las características más importantes serán la mayor tolerancia al calor, la sequía y la helada, la mayor eficiencia en el uso de los insumos y la mayor resistencia a las plagas y las enfermedades. Ello supondrá la obtención de un gran número de variedades extraídas de material de fitomejoramiento aún más diverso.

cebada

Dado que la producción de variedades nuevas lleva muchos años, los programas de fitomejoramiento tienen que ser estables, estar dotados con personal suficiente y disponer de fondos adecuados. Tanto las instituciones públicas como las empresas privadas de fitomejoramiento desempeñarán una función muy importante en el desarrollo de dichas variedades: el sector público se suele centrar en los principales cultivos básicos, mientras que el sector privado se ocuparía en mayor medida de los cultivos comerciales. Cuanto más abierto y vigoroso sea el sistema, mayor será la probabilidad de generar el nuevo material necesario.

El incremento notable del apoyo público a la investigación sobre preselección y mejoramiento será un importante paso hacia adelante. La ISPA requiere nuevos materiales, la redefinición de los objetivos y prácticas de mejoramiento y la adopción de enfoques de mejoramiento de poblaciones. Ciertas propiedades como la resistencia y la estabilidad de la producción deberán ser inherentes y no depender de factores externos.

Es poco probable que los programas de mejoramiento tradicionales públicos o privados sean capaces de proporcionar todo el nuevo fitomaterial necesario o de producir las variedades más adecuadas, especialmente de cultivos secundarios a los que se destinan pocos recursos. El fitomejoramiento participativo puede ayudar a solventar esta laguna.

El Centro internacional de investigación agrícola en las zonas secas (ICARDA), junto con la República Árabe Siria y otros países de Oriente Medio y África del Norte, ha emprendido un programa de mejoramiento participativo de la cebada que mantiene un alto grado de diversidad y produce material mejorado capaz de ofrecer un buen rendimiento en condiciones de pluviosidad muy limitada (menos de 300 mm al año). Los agricultores participan en la selección de los materiales genéticos de partida y en las evaluaciones en las fincas. En Siria, este procedimiento ha producido incrementos significativos de las cosechas de cebada y ha aumentado la resistencia de las variedades de cebada a la sequía[11].

Se necesitan políticas y reglamentos para respaldar la producción de nuevas variedades y garantizar unos beneficios adecuados para el fitomejoramiento tanto público como privado. No obstante, quizás tendrían que ser más abiertos y flexibles que los procedimientos y disposiciones actuales, basados en las patentes, existentes con arreglo a la Unión Internacional para la Protección de las Obtenciones Vegetales (UPOV). La uniformidad y la estabilidad de las variedades adaptadas a la ISPA podrían ser diferentes a las características previstas en la actualidad de acuerdo con la UPOV, y es necesario reconocer los derechos de los agricultores, tal y como se establece en el TIRFAA. La cuestión más importante es que las políticas y los reglamentos deben respaldar la difusión rápida del material adaptado a la ISPA: en muchos países la fase de aprobación de variedades nuevas es demasiado extensa.

El marco institucional que respalda la obtención y la difusión de variedades es deficiente en diversos países. Los programas de formación universitarios y de otro tipo tendrán que ser modificados para poder formar a un mayor número de fitomejoradores e investigadores sobre mejoramiento acerca del uso de prácticas de mejoramiento de los cultivos para la ISPA. Los agricultores deberían participar más plenamente tanto en la determinación de los objetivos del mejoramiento como en el proceso de selección. Habrá que reforzar los servicios de extensión para responder a las necesidades expresas de los agricultores y para proporcionar buenas orientaciones prácticas para el cultivo de nuevas variedades.

Mejora de la producción y distribución de semillas

Una cuestión clave a la hora de planificar los programas de ISPA es la determinación de la situación del sistema nacional de semillas y de su capacidad de mejorar la provisión a los agricultores de semillas de alta calidad de variedades adaptadas. Un primer paso debería ser la elaboración, en consulta con todos los principales interesados, de una política sobre semillas adecuada, así como de reglamentos sobre la difusión de variedades.

Tal política debería proporcionar un marco para la mejor coordinación de los sectores público y privado, así como un plan de acción para el desarrollo de una industria de semillas capaz de satisfacer las necesidades de los agricultores de semillas de gran calidad. En muchos países en desarrollo dicha política también deberá reconocer las semillas conservadas por los agricultores como una fuente importante de material de propagación. Dado que las empresas de semillas locales desempeñarán una función importante en la ISPA, es esencial crear un entorno favorable para ellas. El plan de acción debería determinar las lagunas y los puntos débiles existentes en el sector y las principales medidas necesarias para solventarlos.

Quizás también sea necesario un marco mejorado para la producción y el movimiento de semillas. Dado que los reglamentos y la legislación deberían favorecer la rápida difusión de nuevo material de plantación y la transferencia de nuevas variedades de una zona a otra, la armonización de la legislación entre países es importante. Por ejemplo, 12 Estados miembros de la Comunidad Económica de los Estados de África Occidental han aprobado leyes sobre semillas armonizadas. La conservación y el uso de un gran número de variedades podrían perjudicar a los sistemas de gestión de la calidad de las semillas; por ello, la creación de un sistema de calidad declarada de las semillas ayudará a garantizar que la calidad no se ve perjudicada en el proceso de adaptación de las prácticas relativas a las semillas a la ISPA.

Una consecuencia probable de la ISPA será el incremento de la importancia de los productores locales de semillas y de los mercados locales en el suministro a los agricultores. La función de los mercados en la conservación de la diversidad se reconoce de manera creciente[12]. Los mercados pueden ser respaldados mediante iniciativas como las ferias locales de diversidad, los bancos locales de semillas y los registros comunitarios de biodiversidad, los cuales fomentan la conservación y la distribución del material local y favorecen la mejora de su calidad[8].

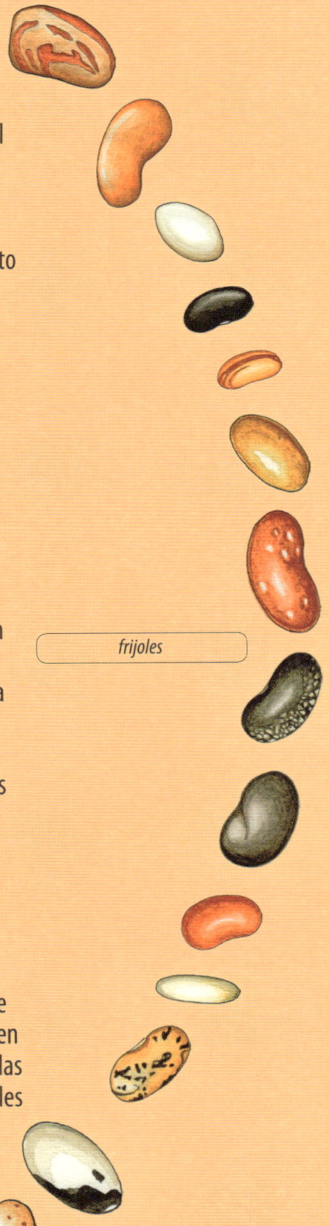

frijoles

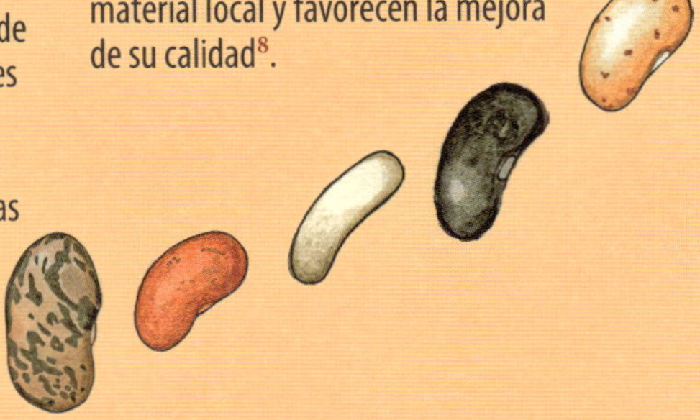

El camino por recorrer

La actuación en los ámbitos técnico, institucional y de políticas puede ayudar a garantizar que los recursos fitogenéticos y los sistemas de distribución de semillas funcionan eficazmente para respaldar la intensificación sostenible de la producción agrícola. Aunque incluirán a instituciones diversas y tendrán lugar a varias escalas, las medidas necesarias conseguirán unos efectos óptimos si se realizan de manera coordinada. Algunas de las medidas recomendadas son las siguientes:

- *Refuerzo de los vínculos entre la conservación de los recursos fitogenéticos y el empleo de la diversidad en el fitomejoramiento,* especialmente a través de la caracterización y la evaluación mejoradas de los rasgos relevantes para la ISPA en una mayor variedad de cultivos, el incremento del apoyo a la preselección y el mejoramiento de la población y la colaboración mucho más estrecha entre las instituciones dedicadas a la conservación y el mejoramiento.
- *Incremento de la participación de los agricultores en la conservación, el mejoramiento de cultivos y el suministro de semillas* para respaldar los trabajos en una mayor diversidad de materiales, garantizar que las nuevas variedades son adecuadas para las prácticas y las experiencias de los agricultores y reforzar la conservación en la explotación de los recursos fitogenéticos y los sistemas de suministro de semillas de los agricultores.
- *Mejora de las políticas y la legislación para la obtención y la difusión de variedades y para el suministro de semillas,* incluida la aplicación nacional de las disposiciones del TIRFAA, la creación de legislación flexible sobre la difusión de variedades y la elaboración o la revisión de las políticas y leyes sobre semillas.
- *Refuerzo de la capacidad* mediante la creación de una nueva generación de profesionales cualificados para fomentar el mejoramiento, trabajar con los agricultores y explorar las maneras en que los cultivos y las variedades contribuyen a la intensificación con éxito.
- *Revitalización del sector público y ampliación de su función* en la obtención de nuevas variedades de cultivos mediante la creación de un entorno favorable para la mejora del sector de las semillas y la garantía de que los agricultores poseen los conocimientos necesarios para emplear el material nuevo.
- *Respaldo de la creación de empresas de semillas del sector privado locales* a través de un enfoque integrado que incluya organizaciones de productores, vínculos con los mercados y adición de valor.
- *Coordinación de los vínculos con otros componentes fundamentales de la ISPA*, tales como las prácticas agronómicas adecuadas, la gestión del suelo y el agua, el manejo integrado de plagas, el crédito y la comercialización.

Muchas de estas medidas ya están siendo adoptadas en varios países por diversas instituciones. Los retos a los que hay que hacer frente son el intercambio de experiencias, la mejora de las buenas prácticas determinadas y comprobadas y la focalización de la atención en los medios de adaptarlas para alcanzar los objetivos y prácticas concretos de la ISPA. Ello asegurará que la diversidad necesaria para la intensificación sostenible, ya disponible en los bancos de germoplasma y los campos de los agricultores, se moviliza eficaz y eficientemente y de manera oportuna.

Capítulo 5

Gestión del agua

La intensificación sostenible requiere tecnologías de irrigación más inteligentes, de precisión, y prácticas agrícolas que utilicen enfoques ecosistémicos para conservar el agua.

La producción de cultivos se realiza en diversos regímenes de gestión del agua que oscilan desde la simple labranza del suelo para incrementar la infiltración del agua de la lluvia hasta las técnicas y la gestión de riego sofisticadas. El 80% de los 1 400 millones de ha, aproximadamente, de tierras cultivadas existentes en todo el mundo son de secano y son responsables de cerca del 60% de la producción agrícola mundial[1]. En condiciones de secano la gestión del agua tiene como fin controlar la cantidad de agua disponible para un cultivo mediante el desvío oportuno del curso del agua de la lluvia hacia la zona de las raíces para incrementar el almacenamiento de humedad. No obstante, el calendario de la aplicación de agua sigue estando determinado por los regímenes de precipitaciones en lugar de por los agricultores.

Cerca del 20% de la superficie cultivada del mundo es de regadío y produce, aproximadamente, el 40% de la producción agrícola total[1]. Tal productividad se consigue gracias a la combinación de una mayor intensidad del cultivo y un mayor rendimiento medio. Mediante el control de la cantidad y del ciclo del agua suministrada a los cultivos, el riego facilita la concentración de insumos para impulsar la productividad de la tierra. Los agricultores riegan los cultivos para estabilizar e incrementar el rendimiento y para aumentar el número de cultivos producidos cada año. En general, la producción de regadío es de dos a tres veces mayor que la de secano. Por ello, un suministro fiable y flexible de agua es vital para los sistemas agrícolas de valor elevado y que exigen un gran volumen de insumos. Sin embargo, el riesgo económico también es mucho mayor que en la agricultura de secano, que requiere menos insumos. La irrigación también puede producir consecuencias negativas para el medio ambiente, como la salinización del suelo y la contaminación de los acuíferos con nitratos.

La creciente presión ejercida por la demanda de agua, junto con imperativos ambientales, implica que la agricultura debe obtener más cultivos con menos agua y con un menor impacto ambiental. Ello constituye un reto notable y supone que a la hora de gestionar el agua para la intensificación sostenible de la producción agrícola habrá que prever una agricultura más inteligente y precisa. También será necesario que la gestión del agua en la agricultura pase a ser mucho más eficaz a la hora de dar cuenta del agua empleada en términos económicos, sociales y ambientales.

Las perspectivas de la intensificación sostenible varían notablemente en función del sistema productivo, y la demanda se ve motivada por diferentes causas externas. No obstante, en líneas generales la sostenibilidad de la producción agrícola intensificada, ya de secano, ya de regadío, dependerá de la adopción de enfoques ecosistémicos como la agricultura de conservación, junto con otras prácticas importantes como el empleo de variedades de alto rendimiento y semillas de buena calidad o el manejo integrado de plagas.

Sistemas de cultivo de secano

Muchas variedades de cultivos producidos en sistemas de secano se adaptan para aprovechar al máximo la humedad almacenada en la zona de las raíces. Los sistemas de secano pueden ser objeto de mejora ulterior mediante, por ejemplo, el empleo de cultivos de enraizamiento profundo en rotación, la adaptación de los cultivos para fomentar el enraizamiento más profundo, el incremento de la capacidad de almacenamiento de agua del suelo, la mejora de la infiltración de agua y la reducción al mínimo de la evaporación mediante la cubierta orgánica del suelo. La captación de agua de escorrentía de las tierras sin cultivar adyacentes también puede prolongar la disponibilidad de humedad en el suelo. La mejora de la productividad en la agricultura de secano depende en gran medida de la mejora de la gestión en todos los aspectos del cultivo. Algunos factores como las plagas y la disponibilidad limitada de nutrientes en el suelo pueden limitar el rendimiento más que la propia disponibilidad de agua[2,3]. Los principios de labranza reducida, cubierta orgánica del suelo y utilización de la biodiversidad natural y gestionada (descritos en el Capítulo 2, *Sistemas de explotación agrícola*) son fundamentales para la gestión mejorada.

El margen para la aplicación de la ISPA en condiciones de secano dependerá, por lo tanto, del empleo de enfoques ecosistémicos que amplíen al máximo el almacenamiento de humedad en la zona de las raíces. Si bien tales enfoques pueden facilitar la intensificación, el sistema todavía sigue estando sometido a los caprichos de las precipitaciones. El cambio climático incrementará los riesgos para la producción agrícola. De hecho, la agricultura de secano es el ámbito en el que el desafío de elaborar estrategias eficaces para la adaptación al cambio climático es más urgente[4].

Por ello se necesitan otras medidas para reducir la aversión de los agricultores al riesgo, tales como la mejora de la previsión estacional y anual de las precipitaciones y la disponibilidad de agua y de la gestión de las inundaciones, con vistas a mitigar el cambio climático y, en el futuro más inmediato, a aumentar la resistencia de los sistemas productivos. Es posible realizar intervenciones de gestión del agua más complejas para reducir el riesgo productivo, pero no necesariamente para intensificar ulteriormente la producción de secano. Por ejemplo, existe margen para convertir algunos sistemas de cultivo de secano en sistemas de riego complementario de insumos reducidos con el fin de evitar sequías breves durante fases críticas de crecimiento[5], pero tales sistemas siguen dependiendo del calendario y la intensidad de las precipitaciones.

La gestión de la escorrentía en la explotación agrícola, incluido el empleo de lomos de retención de agua en zonas cultivadas, se ha aplicado con éxito en climas de transición como el Mediterráneo y zonas del Sahel para ampliar la disponibilidad de humedad en el terreno tras cada episodio de precipitaciones. La gestión de la escorrentía fuera de la explotación agrícola, incluida la concentración del flujo superficial en aguas subterráneas poco profundas o el almacenamiento gestionado por el agricultor, puede permitir el riego complementario limitado. No obstante, al trasladarlas a zonas extensas estas intervenciones perjudican a los usuarios río abajo y, en líneas generales, a los presupuestos hídricos de toda la cuenca fluvial.

En lo concerniente a las tecnologías, la ampliación de los beneficios ambientales y de conservación de la humedad del suelo de los enfoques ecosistémicos dependerá, a menudo, del grado de mecanización de la explotación agrícola, necesaria para aprovechar los episodios de precipitaciones. Las tecnologías más simples, como la agricultura dependiente de la escorrentía, seguirán siendo inherentemente arriesgadas, especialmente en regímenes de precipitaciones más erráticos. Además, seguirán requiriendo una gran mano de obra.

Los responsables de las políticas tendrán que evaluar exactamente las contribuciones relativas de la producción de secano y la producción de regadío en el plano nacional. Si la producción de secano se puede estabilizar mediante la mejora del almacenamiento de humedad en el suelo, las circunstancias físicas y socioeconómicas en las cuales ello puede tener lugar tendrán que ser objeto de identificación y definición inequívocas. Los méritos respectivos de las inversiones de baja intensidad en ISPA en los sistemas de secano extensivos y las inversiones de gran intensidad localizadas en sistemas de regadío al completo tendrán que ser sometidos a una evaluación socioeconómica en detalle y comparados con los objetivos de desarrollo.

En lo que respecta a las instituciones, es necesario reorganizar y reforzar los servicios de asesoramiento a los agricultores que dependen de la agricultura de secano y renovar los esfuerzos dirigidos a fomentar el aseguramiento de los cultivos por parte de agricultores en pequeña escala. Habrá que realizar, asimismo, un análisis en mayor detalle de los regímenes de precipitaciones y del déficit de humedad en el suelo para estabilizar la producción de los sistemas de secano existentes sometidos a los efectos del cambio climático.

Sistemas de cultivo de regadío

El área total equipada para el regadío en todo el mundo supera en la actualidad los 300 millones de ha[6] y se calcula que el área total cultivada es mayor debido a la doble y triple cosecha. La mayor parte del desarrollo del riego ha tenido lugar en Asia, donde la producción de arroz se practica en unos 80 millones de ha y el rendimiento asciende, en promedio, a 5 t/ha (frente a las 2,3 t/ha resultantes de los 54 millones de ha de arroz cultivado en tierras bajas de secano). A diferencia de ello, la agricultura de regadío en África se practica en solamente el 4% de las tierras cultivadas debido, principalmente, a la carencia de inversiones económicas.

El riego es una plataforma muy empleada para la intensificación porque ofrece un punto en el que concentrar los insumos. No obstante, la *sostenibilidad* de tal intensificación dependerá del lugar de toma de agua y de la adopción de enfoques ecosistémicos, como la conservación del suelo, el empleo de variedades mejoradas y el manejo integrado de plagas, que constituyen la base de la ISPA. La uniformidad de la distribución y la eficiencia de aplicación del riego varían según la técnica empleada para suministrar agua, el tipo y la inclinación del suelo (y, lo que es más importante, su capacidad de infiltración) y la calidad de la gestión.

El *riego de superficie* mediante tablares, compartimentos o surcos suele ser menos eficiente y menos uniforme que el riego con presión (aspersores, goteo y cinta de goteo, por ejemplo). El *microrriego* se ha considerado una solución técnica al bajo rendimiento del riego de los campos, así como un medio para ahorrar agua. A pesar de los elevados gastos de capital que conlleva, es adoptado de manera creciente por los horticultores comerciales en países tanto desarrollados como en desarrollo.

El *riego deficitario* y variantes como el *riego deficitario regulado* (RDR) son cada vez más empleados en la producción comercial de árboles frutales y en algunos cultivos que responden positivamente al estrés hídrico controlado en fases críticas de crecimiento. El RDR suele practicarse junto con el microrriego y la fertirrigación, en la cual se aplican fertilizantes, en el microrriego, directamente a la región en la que crecen la mayor parte de las raíces de las plantas. Esta práctica se ha adaptado al riego por surcos, más simple, en China. Los beneficios en cuanto a la reducción del agua empleada son obvios, pero solamente se harán realidad si el suministro de agua es muy fiable.

El riego de precisión basado en los conocimientos, que permite a los agricultores aplicar agua de manera fiable y flexible, constituirá una importante plataforma para la ISPA. Los sistemas automatizados se han puesto a prueba empleando tanto aspersores de cobertura permanente como el microrriego, los cuales suponen el empleo de la detección de la humedad del suelo y la temperatura de la cubierta de los cultivos para definir la profundidad a la que se debe aplicar el riego en diferentes zonas del campo. El riego de precisión y la aplicación de fertilizante de precisión a través del agua de riego constituyen posibilidades futuras para los cultivos y la horticultura, pero conllevan problemas potenciales. Las simulaciones realizadas por ordenador recientemente indican que, en la horticultura, la gestión de las sales es un factor crítico para la sostenibilidad.

La economía de la agricultura de regadío es importante. La utilización de técnicas de aspersión o microrriego, así como la automatización de la distribución del riego de superficie, supone un gasto de capital y presupuestos operativos a largo plazo. Las pistolas de aspersión son una de las opciones que requieren menos capital para la cobertura de una zona extensa con riego con presión, pero suelen suponer unos elevados gastos de funcionamiento. Otros sistemas de riego con presión suponen unos elevados costos de capital y, sin el apoyo de las subvenciones a la producción, son inadecuados para sistemas de cultivo en pequeña escala.

La prestación de servicios de muchos sistemas de riego públicos no es óptima debido a las deficiencias existentes en su diseño, mantenimiento y gestión. Existe un margen considerable para modernizar los sistemas y su gestión tanto mediante una reforma institucional como mediante la separación de la prestación de servicios de riego de la supervisión y reglamentación más amplias de los recursos hídricos.

El drenaje es un complemento fundamental del riego que, sin embargo, es ignorado a menudo, especialmente cuando la capa freática es poco profunda y la salinidad del suelo constituye un factor limitante. Será necesario realizar inversiones en drenaje para mejorar la productividad y la sostenibilidad de los sistemas de riego y garantizar la buena gestión de los insumos agrícolas. Sin embargo, cuanto mejor es el drenaje, mayor es el riesgo de exportación de agentes contaminantes, lo que ocasiona la degradación de los cauces fluviales y los ecosistemas acuáticos conexos.

El cultivo protegido, normalmente en instalaciones de sombra, es cada vez más popular en muchos países, como China y la India, principalmente en la producción de frutas, hortalizas y flores. A largo plazo, los sistemas productivos de ciclo cerrado muy intensivos que emplean el riego convencional o cultivos hidropónicos y aeropónicos serán cada vez más comunes, especialmente en las zonas periurbanas con fuertes mercados y una creciente escasez de agua.

El empleo de agua para el riego reduce el caudal fluvial, modifica su ciclo y fomenta la aparición de problemas como la proliferación de algas tóxicas. Además, tiene efectos secundarios como la salinización y la contaminación por nutrientes y plaguicidas de los cursos y las masas de agua. Existen otras contrapartidas ambientales de los sistemas de regadío: los arrozales captan una mayor cantidad de materia orgánica que el suelo seco y generan menos escorrentía de nitrato y menos emisiones de óxido nitroso (N_2O). Por contraposición, generan emisiones relativamente elevadas de metano (3-10% de las emisiones mundiales) y amoníaco.

Los cultivos suelen emplear menos del 50% del agua de riego que reciben y los sistemas de riego que se encuentran en una cuenca fluvial asignada plena o excesivamente suelen tener una eficiencia reducida. En términos contables, es necesario determinar la cantidad de agua agotada tanto en beneficio de los cultivos como sin resultados productivos. El agotamiento beneficioso por los cultivos —evapotranspiración— es el objetivo del riego: idealmente, la transpiración sería la responsable del agotamiento y la evaporación en la superficie del suelo y del agua sería nula. Existe cierto margen para mejorar la productividad del agua mediante la reducción de las pérdidas por evaporación no productiva.

Las mejoras del nivel de la cuenca en la productividad hídrica se centran en la reducción al mínimo del agotamiento no beneficioso[7]. No obstante, los efectos río abajo del incremento del agotamiento hídrico para la agricultura no son neutrales: se ha constatado que la escorrentía anual de las zonas de captación río arriba "mejoradas" que han adoptado la captación extensiva de agua en zonas de la India peninsular se ha reducido considerablemente[8].

La gestión del agua es un factor clave para reducir al mínimo la pérdida y la exportación de nitrógeno de las explotaciones agrícolas. En suelos de drenaje libre la nitrificación se interrumpe parcialmente y ello resulta en la emisión de N_2O, mientras que en condiciones (anóxicas) de saturación los compuestos de amonio y la urea se convierten parcialmente en amoníaco, normalmente en el cultivo de arroz. Por lo tanto, se puede emitir urea a la atmósfera porque tanto el amoníaco como el N_2O se liberan durante los ciclos de humedecimiento y secado del riego. Para su absorción en las raíces el N debe estar en forma de nitrato, pero en disolución puede trasladarse a cualquier parte. Se están elaborando diversos compuestos de fertilizantes de liberación lenta y protegida para diferentes situaciones (véase el Capítulo 3, *La salud del suelo*).

La dinámica de la movilización y el movimiento de los fosfatos en drenajes y cursos de agua es compleja. La exportación de fosfato en la agricultura puede ocurrir en sistemas de regadío si se emplea un caudal erosivo en el riego por surcos o si los suelos sódicos se dispersan. El fosfato y, en menor medida, el nitrato pueden ser atrapados por franjas de protección ubicadas en los límites de los campos y a lo largo de los ríos, lo que impide que lleguen a los cursos de agua. Por ello, la combinación de una buena gestión del riego, el reciclaje del agua tras el riego y la incorporación de fosfato al suelo puede eliminar prácticamente la exportación del fosfato de las tierras irrigadas.

La sostenibilidad de la agricultura de regadío intensificada depende de la reducción al mínimo de las repercusiones externas fuera de la explotación agrícola, como la salinización y la exportación de agentes contaminantes, y del mantenimiento de la salud del suelo y las condiciones necesarias para el cultivo. Ello debería constituir el foco principal de las prácticas, las tecnologías y la toma de decisiones en el ámbito de la explotación agrícola, y refuerza la necesidad de dar cuenta del agotamiento de agua, de distribuir mejor el agua en los planos de la cuenca y la zona de captación y de comprender mejor las interacciones hidrológicas existentes entre los diferentes sistemas productivos.

Tecnologías que permiten ahorrar y crecer

Captación del agua de lluvia en el Sahel[9]

En la zona africana del Sahel hay una gran variedad de sistemas tradicionales e innovadores de captación del agua de lluvia. En las zonas semiáridas del Níger, los pequeños agricultores utilizan hoyos de plantación para recoger el agua de lluvia y restablecer las tierras degradadas para cultivar mijo y sorgo. Esta tecnología incrementa la filtración y la disponibilidad de nutrientes en suelos arenosos y arcillosos, lo que eleva considerablemente la producción, mejora la cubierta del suelo y reduce las inundaciones río abajo. Los hoyos de plantación son cavidades excavadas a mano, de 20 a 30 cm de diámetro y de 20 a 25 cm de profundidad y a una distancia aproximada de 1 m entre sí. Alrededor de la cavidad se forma un pequeño borde para maximizar la captación del agua de lluvia y la escorrentía. Cuando se dispone de él, se introduce abono en los hoyos cada dos años. Las semillas se siembran directamente en esas cavidades al inicio de las lluvias y los sedimentos y la arena se retiran todos los años. Normalmente, la cosecha más abundante se produce en el segundo año después de la aplicación del abono.

mijo perlado

En el este de Etiopía, los agricultores recogen el agua de aluvión y de la escorrentía de los ríos efímeros, las carreteras y las laderas con terraplenes temporales de piedra y tierra. El agua que se recoge se distribuye mediante un sistema de canales cavados a mano, de hasta 2 000 m de longitud, que riegan las tierras donde se producen hortalizas y frutas de valor elevado. Los beneficios son un incremento del 400% del valor bruto de la producción a partir del cuarto año de actividad, un aumento de la humedad y la fertilidad del suelo y una reducción de las inundaciones río abajo.

Riego deficitario para elevar la producción y obtener ganancias netas máximas[10]

La productividad agrícola más elevada se logra con variedades de alto rendimiento unidas a un suministro de agua óptimo, la fertilidad del suelo y la protección de los cultivos. Sin embargo, también puede lograrse una buena producción de cultivos con un suministro limitado de agua. En el riego deficitario, el suministro de agua es inferior a las necesidades totales del cultivo, y se permite una leve escasez durante las etapas del desarrollo en las que el cultivo es menos sensible a la falta de humedad. Se prevé que toda reducción de la productividad sea limitada y se obtienen otros beneficios al desviar el agua que se ahorra para regar otros cultivos. No obstante, el riego deficitario exige entender con claridad la administración del agua y la sal del suelo, así como conocer a fondo el comportamiento de los cultivos, ya que la respuesta de éstos a la escasez de agua varía considerablemente.

Un estudio de seis años sobre la producción de trigo de invierno en la llanura del norte de China reveló ahorros de agua del 25% o más mediante la aplicación de riego deficitario en diversas etapas del desarrollo de los cultivos. En los años normales bastaban dos riegos de 60 mm (en vez de los cuatro riegos habituales) para obtener cosechas aceptablemente altas y maximizar las ganancias netas. En el Punjab, en Pakistán, un estudio de los efectos a largo plazo del riego deficitario en el trigo y el algodón demostró una reducción de la producción de hasta un 15% cuando se aplicaba el riego para satisfacer sólo el 60% del total de la evapotranspiración de los cultivos. Este estudio puso de relieve la importancia de mantener prácticas de

algodón

lixiviación para evitar el riesgo a largo plazo de salinización de los suelos.

En estudios realizados en la India sobre cacahuetes de regadío, la producción y la productividad del agua se incrementaron mediante la imposición de cierta escasez transitoria de humedad en el suelo durante la etapa vegetativa, de 20 a 45 días después de la siembra. La escasez de agua aplicada durante esta etapa de crecimiento vegetativo puede haber producido un efecto favorable en el crecimiento de las raíces, lo que contribuye a un uso más eficaz del agua en niveles más profundos del suelo. Es posible economizar más agua en los frutales que en los cultivos herbáceos. En Australia, la aplicación del riego deficitario regulado a los frutales incrementó la productividad del agua un 60% aproximadamente, con mejoras de la calidad de la fruta y sin pérdidas de productividad.

Riego complementario en las tierras áridas de secano[11, 12]

En las zonas áridas, los agricultores que dependen de la lluvia para producir cereales pueden aumentar sus cosechas con riego complementario, lo que supone recoger la escorrentía del agua de lluvia en estanques, cisternas o pequeñas represas y aplicar esta agua en las etapas críticas del desarrollo de los cultivos. Uno de los principales beneficios del riego complementario es que permite sembrar antes: mientras que en la agricultura de secano el inicio de las lluvias determina el momento de la siembra, el riego complementario permite escoger la fecha con precisión, lo que puede aumentar considerablemente la productividad. Por ejemplo, en los países mediterráneos un cultivo de trigo sembrado en noviembre ofrece rendimientos siempre más elevados y responde mejor al agua y los fertilizantes de nitrógeno que los cultivos sembrados en enero.

La productividad media de la lluvia en las zonas áridas del África del Norte y Asia occidental varía entre alrededor de 350 g y 1 kg de trigo por m^3 de agua. El Centro internacional de investigación agrícola en las zonas secas (ICARDA) ha observado que la misma cantidad de agua, si se aplica como riego complementario y en combinación con buenas prácticas de gestión, puede producir 2,5 kg de cereal. Este incremento se atribuye principalmente a la eficacia de una cantidad reducida de agua para mitigar una escasez intensa de agua.

En la República Árabe Siria, el riego complementario ayudó a incrementar la producción de cereales de 1,2 toneladas a 3 toneladas por hectárea. En Marruecos, la aplicación de 50 mm de riego complementario incrementó la productividad media del trigo de plantación temprana

Productividad del agua en la producción de trigo (kg de cereal/m^3)

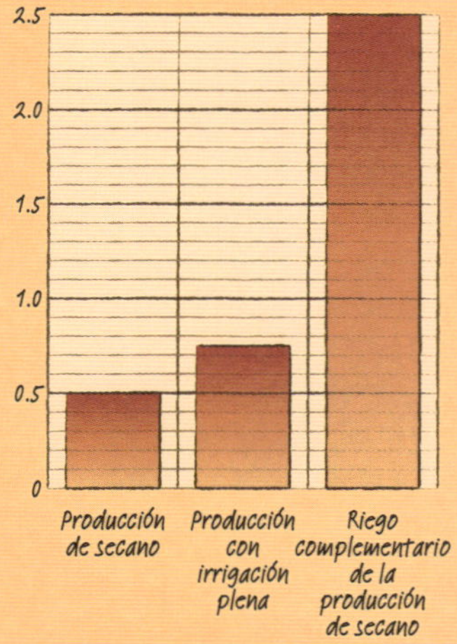

ICARDA. 2006. AARINENA water use efficiency network – Proceedings of the expert consultation meeting, 26-27 November 2006. *Aleppo, Siria.*

de 4,6 toneladas a 5,8 toneladas, con un aumento del 50% en la productividad del agua. En Irán, una aplicación única de riego complementario aumentó las cosechas de cebada de 2,2 a 3,4 toneladas por hectárea.

El riego complementario, integrado con variedades mejoradas y una buena gestión del suelo y la nutrición, se puede optimizar permitiendo deliberadamente a los cultivos soportar cierto grado de escasez de agua. En el norte de Siria, algunos agricultores aplicaron en sus campos de trigo la mitad de las necesidades totales de riego complementario, lo que les permitió duplicar la superficie cultivada, maximizar la productividad por unidad de agua e incrementar un tercio la producción total.

Múltiples usos de los sistemas hídricos[13]

Además del agua para producción agrícola, los sistemas y la infraestructura de riego pueden ofrecer muchos otros servicios, como el suministro de agua para uso doméstico, producción pecuaria y producción de energía eléctrica, así como canales para el transporte. Un análisis de 20 sistemas de irrigación realizado por la FAO reveló que los usos no agrícolas del agua y la multiplicidad de funciones de los sistemas de irrigación son la norma más que una excepción.

Por ejemplo, en el distrito de irrigación de Fenhe, en la provincia de Shaanxi (China), se observó que los valores derivados del riego convencional eran inferiores a los de los servicios conexos, como la acuicultura, las plantaciones de madera y la protección contra inundaciones. La infraestructura del distrito, que consta de dos presas, tres embalses de desviación y cinco canales principales, se construyó en 1950. En los últimos años la provincia de Shaanxi ha sufrido un constante aumento de la incidencia de la sequía, las inundaciones y la contaminación del agua, y la competencia por el agua con la industria y los usuarios domésticos es cada vez mayor. Debido a la escasez del agua, actualmente el riego de superficie se limita esencialmente a los cultivos de trigo y maíz de invierno. En consecuencia, muchos agricultores han

abandonado la producción de cultivos básicos en favor de la producción intensiva de cultivos comerciales que utilizan sobre todo aguas subterráneas y la superficie original bajo riego de 86 000 hectáreas se ha reducido cerca de un 50%.

En esta superficie más reducida, las asignaciones de agua del distrito, procedente del río Amarillo, sirven para realizar muchas funciones más: servicios productivos, como el riego agrícola, la acuicultura, la energía hidroeléctrica, las plantaciones de madera y el suministro de agua para la industria, así como otros servicios, como la protección contra inundaciones, la recarga de los mantos freáticos y las zonas boscosas. De esta manera, la intensificación del uso del agua ha ido acompañada de la conservación de los servicios ambientales.

Uso del agua de riego en el distrito de Fenhe (China) (%)

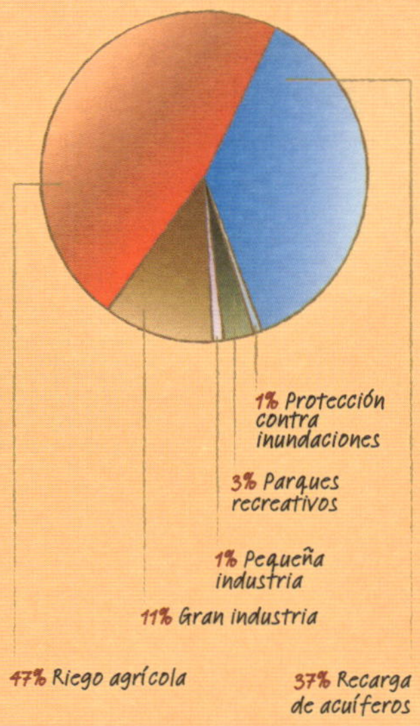

FAO. 2010. Mapping systems and service for multiple uses in Fenhe irrigation district, Shanxi Province, China. *Roma.*

El camino por recorrer

La agricultura sostenible en tierras de regadío —y también en los diversos sistemas productivos de secano y secano mejorado— supone contrapartidas en el uso de la tierra, el reparto de agua en el sentido más amplio y el mantenimiento de los servicios ecosistémicos de apoyo. Estas contrapartidas son cada vez más complejas y revisten importancia social, económica y política.

La gobernanza general de las asignaciones de tierras y agua influirá considerablemente en la escala de las inversiones a largo plazo en la ISPA de regadío, especialmente dados los elevados costos de capital e insumos asociados con la producción de regadío. La demanda de agua de otros sectores económicos y otros servicios ambientales e instalaciones continuará aumentando. A la hora de gestionar el agua en la agricultura habrá que hacer frente a una menor cantidad de agua disponible por hectárea de tierra y, además, habrá que internalizar el costo de la contaminación generada por las tierras agrícolas.

En cuanto a las políticas, la naturaleza de la agricultura está cambiando en muchos países a medida que se acelera el ritmo de la emigración rural y la urbanización. Los incentivos en materia de políticas que se centran en las repercusiones externas ambientales más urgentes, al tiempo que aprovechan la motivación de los agricultores por conseguir beneficios, tienen mayores posibilidades de tener éxito.

En los casos en que la contaminación por productos agroquímicos de los ríos y ecosistemas acuáticos ha alcanzado un punto crítico, por ejemplo, la prohibición del uso de productos químicos peligrosos podría ir acompañada de medidas para incrementar los precios de los fertilizantes, proporcionar a los agricultores asesoramiento objetivo sobre las dosis requeridas y eliminar los incentivos perjudiciales que animan a aplicar fertilizante en cantidad excesiva. Las medidas de seguimiento podrían promover la gestión a un nivel “necesario o recomendado” y buscar enfoques alternativos para incrementar la productividad con un empleo más modesto de insumos externos. En ese caso se necesitarían mayores inversiones públicas para mejorar el seguimiento de las condiciones ecosistémicas.

En el futuro, la tecnología de fertirrigación (incluido el uso de fertilizantes líquidos), el riego deficitario y la reutilización de las aguas residuales estarán mejor integrados en los sistemas de riego. Si bien la introducción de una nueva técnica en los sistemas de cultivo de regadío conlleva unos elevados costos iniciales y requiere disposiciones institucionales para su funcionamiento y mantenimiento, en la actualidad el riego de precisión se emplea en todo el mundo. Los agricultores de países en desarrollo ya están adoptando los sistemas de riego por goteo de baja presión donde existen mercados especializados, como la horticultura. Además, es probable que aumente la disponibilidad de productos moldeados y de revestimiento de plástico para la plasticultura. Sin embargo, la adopción a gran escala de alternativas como las tecnologías solares o la eliminación de técnicas contaminantes necesitarán el respaldo de medidas reglamentarias y la garantía de su cumplimiento efectivo.

Las deficiencias en la gobernanza de algunas inversiones en regadío han dado lugar a irregularidades financieras en los fondos de capital, a la búsqueda de beneficios en la gestión y el funcionamiento y a la mala coordinación entre los organismos responsables de prestar servicios de riego a los agricultores. Se necesitan enfoques innovadores para mejorar los marcos institucionales que promueven el desarrollo agrícola e hídrico y que, al mismo tiempo, protegen el medio ambiente. Sigue existiendo un margen considerable para aprovechar y aprender de las iniciativas locales en el desarrollo institucional, para gestionar las repercusiones externas de la intensificación y para reducir o evitar los costos de transacción. Las soluciones requerirán, probablemente, más conocimientos que tecnologías.

Capítulo 6

Protección fitosanitaria

Los plaguicidas matan las plagas, pero también a los enemigos naturales de las mismas, y su uso excesivo puede dañar a los agricultores, los consumidores y el medio ambiente. La primera línea de defensa es un agroecosistema sano.

Las plagas de las plantas se suelen considerar un factor externo e introducido en la producción de cultivos. Esta concepción es errónea, ya que en la mayoría de los casos las especies de plagas surgen de manera natural en el agroecosistema. Las plagas y las especies acompañantes —como depredadores, parásitos, polinizadores, competidores y descomponedores— forman parte de la agrobiodiversidad asociada a los cultivos y realizan muchas funciones ecosistémicas. Las reactivaciones o brotes de plagas suelen tener lugar tras la fragmentación de los procesos naturales de regulación de plagas.

Dado que la intensificación de la producción agrícola dará lugar a un incremento de los alimentos disponibles para las plagas de los cultivos, las estrategias de gestión de plagas deben ser una parte fundamental de la ISPA. No obstante, también tendrán que responder a la preocupación sobre el riesgo que suponen los plaguicidas para la salud y el medio ambiente. Por ello, es importante que los problemas de plagas potenciales asociados a la aplicación de la ISPA se aborden mediante un enfoque ecosistémico.

Si bien las poblaciones de plagas potenciales están presentes todos los días en todos los campos, las prácticas periódicas como el seguimiento de los cultivos y las medidas de vigilancia *in situ* suelen mantenerlas bajo control. De hecho, erradicación de una plaga de insectos reduciría los alimentos disponibles para los enemigos naturales de dicha plaga, lo que sería perjudicial para un elemento clave de la resistencia del sistema. Por ello, el objetivo debería ser gestionar las poblaciones de plagas de insectos hasta el punto en que la depredación natural funcione de modo equilibrado y las pérdidas de cultivos a manos de las plagas se mantengan en un mínimo aceptable.

Cuando tal enfoque no parece suficiente, los agricultores suelen responder buscando protección adicional para sus cultivos frente a lo que consideran amenazas. Las decisiones tomadas por cada agricultor en materia de manejo de plagas se basan en sus propios objetivos y experiencias. Aunque algunos aplican medidas de control que requieren una gran mano de obra, la mayoría de ellos recurre a los plaguicidas. En 2010 se preveía que las ventas mundiales de plaguicidas superasen los 40 000 millones de USD. Los herbicidas constituyen el mayor segmento del mercado, mientras que la proporción correspondiente a los insecticidas ha disminuido y la correspondiente a los fungicidas ha aumentado en los últimos diez años[1].

Como táctica de control, la dependencia excesiva de los plaguicidas impide el equilibrio natural del agroecosistema. Interrumpe las poblaciones de parasitoides y depredadores, lo que ocasiona brotes de plagas secundarias. Además, contribuye a un círculo vicioso de resistencia de las plagas, lo que implica una mayor inversión en desarrollo de plaguicidas pero muy pocos cambios en la cantidad de cultivos que se pierden a manos de las plagas (en la actualidad se calcula que ascienden a entre el 30% y el 40%, porcentaje similar al registrado hace 50 años)[2]. Como resultado, han aumentado los brotes de plagas inducidos, causados por el uso inapropiado de plaguicidas[3].

La utilización excesiva de plaguicidas también expone a los agricultores a graves riesgos para la salud y tiene consecuencias negativas para el medio ambiente y, en ocasiones, para el rendimiento de los cultivos. A menudo, menos del 1% de los plaguicidas aplicados alcanzan efectivamente un organismo de la plaga objetivo, y el resto contaminan el aire, el suelo y el agua[4].

Los consumidores se muestran cada vez más preocupados sobre los residuos de los plaguicidas presentes en los alimentos. La rápida urbanización ha resultado en la expansión de la horticultura urbana y periurbana, donde el empleo de plaguicidas es más evidente y su utilización excesiva es incluso menos aceptable para el público. Las graves consecuencias de la exposición ocupacional a los plaguicidas han sido documentadas en profundidad entre las comunidades agricultoras, lo que incrementó la sensibilidad social hacia los derechos y el bienestar de los trabajadores agrícolas.

La preocupación pública se está traduciendo en unas normas más estrictas tanto en el ámbito nacional como en el mercado internacional. Los minoristas y las principales cadenas de supermercados han adoptado unos requisitos más estrictos relativos al bienestar de los trabajadores, la inocuidad alimentaria, la rastreabilidad y el respeto del medio ambiente. No obstante, la reglamentación y la gestión deficientes de los plaguicidas continúan perjudicando los esfuerzos por ampliar y mantener las estrategias de manejo de plagas basadas en el ecosistema. Ello es así porque los plaguicidas se comercializan de forma agresiva y, por ello, se suelen considerar como la opción más barata y rápida para combatir las plagas.

Para los agricultores resultaría beneficioso comprender mejor el funcionamiento y la dinámica de los ecosistemas y la función de las plagas como parte integral de la agrobiodiversidad. Para los responsables de las políticas, a quienes se suele dirigir la información compleja relativa a las plagas de los cultivos, también resultaría beneficioso comprender mejor los efectos reales de las plagas y las enfermedades en los agroecosistemas.

Manejo integrado de plagas

En los últimos 50 años el manejo integrado de plagas (MIP) se convirtió en la principal estrategia holística mundial para la protección fitosanitaria, y hoy en día lo continúa siendo. Desde su primera aparición en la década de 1960, el MIP se ha basado en la ecología, en el concepto de ecosistema y en el objetivo de mantener las funciones ecosistémicas[5-7].

El MIP se fundamenta en la idea de que la primera y más fundamental línea de defensa frente a las plagas y las enfermedades en la agricultura es un agroecosistema sano en el que los procesos biológicos que sostienen la producción son objeto de protección, fomento y mejora. La mejora de tales procesos puede incrementar el rendimiento y la sostenibilidad y, al mismo tiempo, reducir los costos de los insumos. En los sistemas intensificados, los factores ambientales de la producción influyen en las perspectivas del manejo integrado de plagas:

- *La gestión del suelo* en la que se aplica un enfoque ecosistémico —como el empleo de cubierta orgánica— puede proporcionar refugio a los enemigos naturales de las plagas. El incremento de la materia orgánica del suelo proporciona fuentes de alimento alternativas para los enemigos y antagonistas generalistas de las enfermedades de las plagas y aumenta las poblaciones que regulan las plagas a comienzos del ciclo de cultivo. La solución de problemas concretos del suelo, como la incursión de agua del mar, puede hacer que los cultivos sean menos susceptibles a plagas como el barrenador del tallo del arroz.
- *El estrés hídrico* puede incrementar la susceptibilidad de los cultivos a las enfermedades. Algunas plagas, principalmente las malas hierbas en el cultivo de arroz, pueden combatirse mediante una mejor gestión del agua en el sistema productivo.
- *La resistencia de las variedades de los cultivos* es fundamental para gestionar las enfermedades de las plantas y muchas plagas de insectos. La vulnerabilidad puede surgir si la base genética de resistencia de la planta huésped es demasiado reducida.
- *La distribución temporal y espacial de los cultivos* influye en la dinámica de las plagas y las poblaciones de enemigos naturales, así como en el nivel de servicios de polinización para los cultivos hortícolas que dependen de los polinizadores. Al igual que ocurre con otros insectos beneficiosos, la reducción de la aplicación de plaguicidas y el incremento de la biodiversidad en las explotaciones agrícolas pueden aumentar el nivel de los servicios de polinización.

Como estrategia basada en el ecosistema, el MIP ha conseguido algunos éxitos notables en la agricultura mundial. Hoy en día existen programas de MIP gubernamentales a gran escala en más de 60 países como el Brasil, China, la India y la mayoría de los países desarrollados. En líneas generales, la comunidad científica está de acuerdo —con el respaldo de la reciente Evaluación internacional del conocimiento, ciencia y tecnología en el desarrollo agrícola[8]— en que el MIP funciona y proporciona la base para proteger la ISPA. A continuación se incluyen los principios generales que rigen el empleo del manejo integrado de plagas en el diseño de programas de intensificación sostenible:

- *Emplear un enfoque ecosistémico* para prever los posibles problemas de plagas asociados a la producción agrícola intensificada. El sistema productivo debería emplear, por ejemplo, una gran diversidad de variedades de cultivos resistentes a las plagas, la rotación de cultivos, el cultivo intercalado, la plantación en el momento idóneo y el manejo de las malas hierbas. Para reducir las pérdidas, las estrategias de control deberían aprovechar las especies beneficiosas de depredadores, parásitos y competidores de las plagas, junto con los bioplaguicidas y los plaguicidas sintéticos selectivos y de bajo riesgo. Será necesario invertir en el refuerzo de los conocimientos y habilidades de los agricultores.

- *Realizar una planificación de emergencia* para cuando se obtengan pruebas fiables de plagas importantes. Ello requerirá inversiones en sistemas de semillas para respaldar el empleo de variedades resistentes, así como períodos sin cultivo para evitar el arrastre de las poblaciones de plagas a la temporada siguiente. Habrá que identificar los plaguicidas selectivos con una supervisión reglamentaria adecuada y preparar campañas de comunicación específicas.
- *Analizar la naturaleza de la causa de los brotes de plagas* cuando surjan problemas y crear estrategias acordes. Los problemas pueden ser consecuencia de una combinación de factores. En los casos en que el origen reside en las prácticas de intensificación —por ejemplo, una densidad de plantas inadecuada o la dispersión de las semillas de malas hierbas mediante el arado—, tales prácticas deberán ser modificadas. En el caso de invasiones de plagas como la langosta, el empleo de métodos de control biológico o supresión de enfermedades en el lugar de origen puede ser útil.
- *Determinar qué cantidad de la producción se encuentra en riesgo* para realizar campañas o actividades de control de plagas de la escala adecuada. La infestación (sin pérdidas) de más del 10% del área de cultivo es un brote que requiere una respuesta rápida en materia de políticas. No obstante, las consecuencias de las plagas se suelen sobreestimar y los cultivos pueden, en cierta medida, compensar fisiológicamente los daños causados por ellas. La respuesta no debería ser desproporcionada.
- *Vigilar de cerca las tendencias de las plagas* en tiempo real y adaptar la respuesta a ellas. Los sistemas de georreferencia para la vigilancia de las plagas de las plantas emplean datos de parcelas fijas junto con datos de estudios en movimiento e instrumentos de cartografía y análisis.

Enfoques que ahorran y crecen

Los enfoques ecosistémicos han contribuido al éxito de muchas estrategias de manejo de plagas a gran escala en diversos sistemas de cultivo. A continuación se citan algunos ejemplos.

Uso reducido de insecticida en el cultivo de arroz

La mayoría de los cultivos tropicales de arroz no necesitan insecticida en régimen de intensificación[9]. El rendimiento ha aumentado de 3 t/ha a 6 t/ha mediante el empleo de variedades mejoradas, fertilizante y riego. En Indonesia el gasto en plaguicidas en la producción de arroz se redujo drásticamente entre 1988 y 2005[10]. No obstante, en los últimos cinco años la disponibilidad de plaguicidas a bajo costo y la reducción del apoyo a la educación de los agricultores y la investigación ecológica sobre el terreno han dado lugar de nuevo al empleo elevado de plaguicidas, lo que ha conllevado brotes de plagas a gran escala, especialmente en Asia suroriental[11].

Cambios en la producción de arroz y gastos en plaguicidas en Indonesia

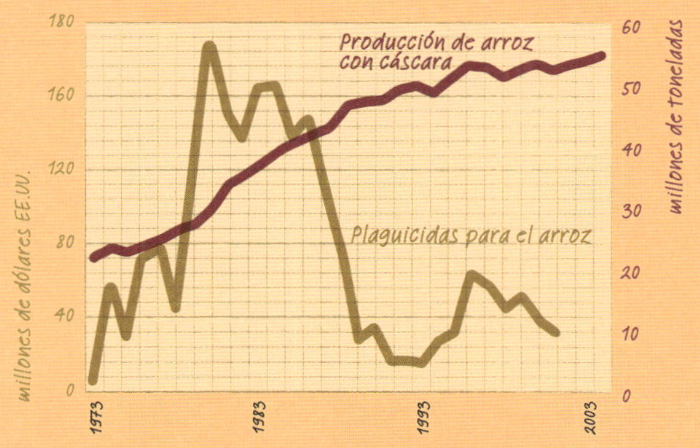

Gallagher, K.D., Kenmore, P.E. y Sogawa, K. 1994. Judicial use of insecticides deter planthopper outbreaks and extend the life of resistant varieties in Southeast Asian rice. En R.F. Denno y T.J. Perfect, eds. Planthoppers: Their ecology and management, pp. 599 -614.

Oudejans, J.H.M. 1999. Studies on IPM policy in SE Asia: Two centuries of plant protection in Indonesia, Malaysia, and Thailand. *Wageningen Agricultural University Papers 99.1. Wageningen, los Países Bajos.*

Watkins, S. 2003. The world market for crop protection products in rice. Agrow Report. *Londres, PJB Publications.*

Control biológico de las plagas de la yuca

En América Latina, el lugar de origen de la yuca, las plagas de insectos se suelen mantener bajo control mediante la buena regulación natural de la población. No obstante, las plagas causan graves daños cuando se tratan inadecuadamente con insecticidas o cuando el cultivo y sus plagas se trasladan a otra región, como África o Asia, donde los enemigos naturales están ausentes. Una iniciativa de control biológico liderada por el IITA consiguió controlar la arañuela verde y la cochinilla de la yuca en la mayor parte del África subsahariana. Este control fue ejercido por enemigos naturales procedentes de América Latina, los cuales se establecieron ampliamente en África en la década de 1980 y se están introduciendo en la actualidad en Asia[12, 13].

yuca

Efectos del MIP y las prácticas agronómicas mejoradas en la producción de algodón con semilla en cuatro distritos del este de Uganda (%)

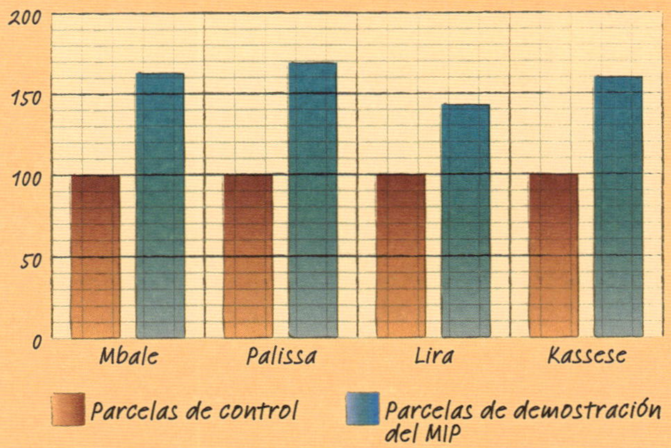

Hillocks, R., Orr, A., Riches, C. y Russell, D. 2006. Promotion of IPM for smallholder cotton in Uganda. *DFID Crop Protection Programme, Final Technical Report, Project R8403. Kent, Reino Unido, Natural Resources Institute, University of Greenwich.*

Los enemigos naturales de las plagas del algodón

Los enemigos naturales de las plagas del algodón son muy diversos y están formados por depredadores generales que mantienen a las plagas, como la mosca blanca o el chinche, bajo un control natural adecuado. La tolerancia del algodón a estas plagas varía durante el ciclo de cultivo y los umbrales de tratamiento varían en función de la fase de cultivo y del grado de presencia del enemigo natural. El mosaico de los cultivos existentes en las inmediaciones del algodón desempeña una función importante en los sistemas de MIP porque algunos cultivos, como los melones y los tomates, en proximidad pueden funcionar como fuentes de plagas o, en el caso de cultivos forrajeros como la alfalfa, como enemigos naturales. Además, la resistencia efectiva de la planta huésped conferida por el algodón Bt transgénico ha reducido notablemente el uso de insecticidas[14].

El enfoque ecosistémico de las enfermedades de los cítricos

Tradicionalmente, los productores de China y Viet Nam dependían de la manipulación de las hormigas para defender los árboles de cítricos de una gran variedad de plagas de insectos. Los recientes brotes de plagas de los cítricos registrados en Australia, Eritrea, los Estados Unidos de América e Israel han seguido al uso excesivo de insecticida, que interrumpió el control biológico natural. Si bien la virescencia de los cítricos no se ha resuelto, diversos enfoques ecosistémicos han ralentizado los efectos de la infección. Tales enfoques incluyen programas de certificación para las plantas madres y el aislamiento geográfico de la producción en viveros, realizada en invernaderos a prueba de insectos. En las plantaciones comerciales los insectos vectores se controlan empleando insecticidas químicos y, cuando corresponde, el control biológico o el cultivo intercalado con plantas repelentes como la guayaba. Los árboles infectados se retiran para reducir las fuentes de inoculante de virescencia de los cítricos[15, 16].

naranjas

Lucha contra las enfermedades víricas en los tomates

En los últimos 10-15 años la producción de tomate de África occidental se ha visto afectada por epidemias de enfermedades víricas asociadas a la numerosa población de mosca blanca. En algunos casos la producción de tomate ya no es económicamente viable. La colaboración internacional de múltiples asociados de los sectores público y privado en materia de investigación ayudó a establecer en Malí un programa de MIP que incluyó una campaña de eliminación de todas las plantas huésped infectadas, seguida de la plantación de variedades de maduración temprana y alto rendimiento y de esfuerzos de saneamiento extensivos que retiraron y destruyeron las plantas de tomate y pimiento tras la cosecha. El programa analizó y evaluó nuevas variedades de maduración temprana tolerantes a la enfermedad y empleó el seguimiento mensual de las poblaciones de mosca blanca y la incidencia del virus para evaluar los efectos de las prácticas de control. Como resultado, la producción reciente de tomate fue la mayor de los últimos 15 años[17].

tomates

Los ejemplos proporcionados sugieren varias tácticas que se pueden emplear para combatir o evitar las plagas en las plantas de sistemas de producción intensificada:

- ***Plagas de insectos.*** Es importante conservar los depredadores, los parasitoides y los patógenos beneficiosos para evitar los brotes de plagas secundarias, gestionar el nivel de nutrientes de los cultivos para reducir la reproducción de los insectos, emplear variedades resistentes y realizar un uso selectivo de los insecticidas.
- ***Enfermedades de las plantas.*** Es importante organizar sistemas de semillas que puedan proporcionar material de plantación limpio, así como emplear variedades con resistencia perdurable a las plagas. El empleo de agua limpia en el riego ayudará a garantizar que los patógenos no se difunden, mientras que la rotación de cultivos contribuirá a eliminar los patógenos y a mejorar la salud del suelo y las raíces. Los agricultores deben gestionar los antagonistas de las plagas de las plantas para mejorar el control biológico.
- ***Malas hierbas.*** La gestión de las malas hierbas requiere el control manual selectivo y oportuno de las mismas, la rotación de cultivos y los cultivos de cobertura, la labranza mínima, el cultivo intercalado y la gestión de la fertilidad, incluidas las modificaciones orgánicas. Los herbicidas deberían ser empleados para la lucha selectiva y gestionados con el fin de evitar la evolución de la resistencia a los mismos.

El camino por recorrer

El enfoque tradicional del manejo de plagas, todavía utilizado por muchos países y agricultores, limita su potencial de llevar a cabo la intensificación sostenible de la producción agrícola. La mejora de la gestión de los agroecosistemas puede ayudar a evitar brotes de plagas autóctonas, a responder mejor a las invasiones de plagas y a reducir los riesgos que suponen los plaguicidas para la salud de las personas y el medio ambiente. Los puntos de partida para la mejora del control de las plagas basado en el ecosistema son los siguientes:

- un importante brote de una plaga o enfermedad que supone una amenaza para la seguridad alimentaria;
- preocupaciones relativas a la inocuidad alimentaria derivadas de la presencia notable de residuos de plaguicidas en los productos agrícolas;
- casos de contaminación ambiental o de intoxicación de las personas;
- pérdidas graves de especies beneficiosas, como polinizadores o aves silvestres;
- el manejo deficiente de los plaguicidas, tal como la proliferación de reservas de plaguicidas obsoletos.

En todos estos casos es necesario elaborar una estrategia de lucha contra las plagas que se pueda mantener y que no produzca efectos secundarios adversos. Después de conseguir controlar una plaga nacional o regionalmente reconocida mediante el MIP, los responsables de las políticas y el personal técnico son mucho más receptivos al enfoque y, por ello, están más dispuestos a realizar los cambios normativos e institucionales necesarios para respaldarlo a largo plazo. Tales cambios podrían incluir la eliminación de las subvenciones a los plaguicidas, la aplicación más estricta de los reglamentos sobre plaguicidas y los incentivos a la producción local de insumos de MIP, tales como insectarios para los depredadores naturales.

Los países deberían conceder prioridad a los plaguicidas menos peligrosos en los procesos de registro. Deberían garantizar, asimismo, que toman decisiones con base ecológica a la hora de determinar qué plaguicidas se pueden vender y emplear, quién puede emplearlos y en qué situaciones. En última instancia, las tasas de uso o los impuestos sobre los plaguicidas, aplicados por primera vez en la India en 1994, podrían emplearse para financiar el desarrollo de prácticas de manejo de plaguicidas alternativas y para subvencionar su adopción.

Los responsables de las políticas pueden apoyar la ISPA mediante programas de MIP en los planos local, regional o nacional. No obstante, deberían ser conscientes de que el éxito en el manejo efectivo de plagas con técnicas de MIP depende, en última instancia, de los agricultores, ya que ellos son quienes toman las decisiones más importantes relativas a la lucha contra las plagas y las enfermedades. Entre los instrumentos en materia de políticas destacan los siguientes:

Cambio de la percepción de las situaciones de urgencia relativas a brotes de plagas o enfermedades

Percepción	Enfoque tradicional	Enfoque ecosistémico
Aparición	▸Brotes de plagas graves y repentinos	▸Desaparición de funciones agroecosistémicas resultantes en graves brotes de plagas
Indicadores	▸Gran presencia de plagas ▸Daños de los cultivos apreciables a simple vista ▸Reducción del rendimiento y de los ingresos de los agricultores	▸Cambios en la estructura de edad de las poblaciones de plagas ▸Aparición de resistencia a los plaguicidas y brotes inusuales de plagas secundarias ▸Uso de plaguicidas cada vez mayor ▸Reducción del rendimiento y de los ingresos de los agricultores
Causas	▸Resistencia a los plaguicidas ▸Aparición de plagas nuevas ▸Disponibilidad insuficiente de plaguicidas ▸Condiciones meteorológicas	▸Uso excesivo de plaguicidas ▸Mala gestión de los cultivos ▸Condiciones meteorológicas ▸Aparición de plagas nuevas
Respuesta	▸Suministro de plaguicidas en mayor cantidad o diferentes	▸Análisis de las causas del problema de plagas y elaboración de una estrategia para la recuperación de las funciones agroecosistémicas y la rehabilitación de la capacidad institucional para guiar la recuperación ▸Prevención de la adopción de soluciones que perpetúen el problema ▸Refuerzo de la capacidad relativa al MIP mediante la inversión en capital humano

- *La asistencia técnica y el apoyo de extensión* a los agricultores a la hora de aplicar prácticas de gestión basadas en la ecología y de elaborar y adaptar técnicas tomando en cuenta sus conocimientos locales, las redes sociales de aprendizaje y sus condiciones.
- *La investigación enfocada* a ámbitos como la resistencia de las plantas huésped a las plagas y las enfermedades, los métodos prácticos de seguimiento y vigilancia, los enfoques innovadores del manejo de plagas sobre el terreno, el empleo de plaguicidas selectivos (incluidos los bioplaguicidas) y el control biológico.
- *La reglamentación del sector privado,* incluidos unos sistemas eficaces de gobernanza para el registro y la distribución de plaguicidas (tratados concretamente por el Código Internacional de Conducta para la Distribución y Utilización de Plaguicidas).
- *La eliminación de incentivos perjudiciales,* como las subvenciones a los precios de los plaguicidas o al transporte, de las reservas de plaguicidas mantenidas innecesariamente, lo que fomenta su empleo, y de los aranceles preferentes para los plaguicidas.

La adopción a gran escala de los enfoques ecosistémicos proporcionaría oportunidades a las pequeñas industrias locales. Puede preverse que la ampliación de las prácticas de manejo de plagas basadas en la ecología incremente la demanda de instrumentos comerciales de seguimiento, agentes de control biológico como depredadores, parasitoides u organismos estériles, servicios de polinización, microorganismos y bioplaguicidas. Hoy en día las empresas privadas producen más de 1 000 bioproductos, cuyo valor en 2003 ascendió a 590 millones de USD, basados en las bacterias, los virus, los hongos, los protozoos y los nematodos[18]. Esta industria local se expandiría notablemente con la adopción de un enfoque más centrado en el ecosistema.

Desde la perspectiva de la industria de elaboración de alimentos, unos agroecosistemas más estables y sostenibles resultarán en un suministro más sistemático y fiable de productos agrícolas sin residuos de plaguicidas. Además, el etiquetado de los productos alimentarios con una etiqueta de MIP o similar puede ayudar a garantizar el acceso de los productores a nuevos mercados.

Para mantener las estrategias de MIP hacen falta unos servicios de asesoramiento eficaces, vínculos con la investigación que respondan a las necesidades de los agricultores, la prestación de apoyo a la provisión de insumos de MIP y el control reglamentario eficaz de la distribución y la venta de plaguicidas químicos. Uno de los medios más eficaces de incrementar los conocimientos en el ámbito local son las escuelas de campo para agricultores, un enfoque que respalda el aprendizaje local y anima a los agricultores a adaptar las técnicas de MIP empleando conocimientos autóctonos. Las comunidades agrícolas necesitan poder acceder fácilmente a información sobre los insumos de MIP adecuados. La adopción del MIP puede acelerarse empleando, por ejemplo, teléfonos móviles para complementar los métodos tradicionales de promoción, tales como la extensión, las campañas en los medios de comunicación y los proveedores de insumos locales.

Capítulo 7

Políticas e instituciones

Para alentar a los pequeños productores a adoptar la intensificación sostenible de la producción agrícola es necesario introducir cambios fundamentales en las políticas e instituciones de desarrollo agrícola.

Los cambios sin precedentes registrados en la agricultura —como el crecimiento de la población, el cambio climático, la escasez de energía, la degradación de los recursos naturales y la globalización de los mercados— ponen de manifiesto la necesidad de volver a plantear las políticas e instituciones para la intensificación de la producción agrícola. Los modelos empleados para la intensificación en el pasado han dado lugar, con frecuencia, a costosos daños ambientales, por lo que deben ser modificados para conseguir una mayor sostenibilidad. Dado que, obviamente, las estrategias empleadas hasta ahora no constituyen una opción viable, cabe preguntarse qué alternativas existen al respecto.

Aquí se focaliza la atención en la definición de las condiciones, políticas e instituciones que permitirán a los pequeños agricultores —especialmente de economías de bajos ingresos en desarrollo— adoptar la intensificación sostenible de la producción agrícola. También se consideran cuestiones generales que no solo influyen en la ISPA, sino que además son importantes para el desarrollo de un sector agrícola en el que se facilite y respalde la ISPA. Se reconoce que los programas de promoción de la ISPA podrían tener que ir más allá de las instituciones "agrícolas" e incluir a otros centros responsables de políticas.

Experiencia del pasado y escenarios del futuro

La Revolución Verde fue respaldada en gran medida por la inversión del sector público y prácticamente todo el trabajo de investigación y desarrollo sobre variedades modernas se realizó en centros de investigación internacionales y nacionales. Se distribuyeron semillas y productos agroquímicos a precios subvencionados mediante programas patrocinados por los gobiernos.

Desde mediados de la década de 1980 el ámbito en el que se realizan la investigación y el desarrollo (I+D) agrícolas se ha modificado drásticamente y ha pasado del sector público al sector multinacional privado[1]. La mayor protección de la propiedad intelectual en las innovaciones vegetales, el rápido progreso de la biología molecular y la integración mundial de los mercados de insumos y productos agrícolas han generado fuertes incentivos para que el sector privado invierta en investigación y desarrollo agrícolas[2]. Hasta la fecha, las inversiones se han centrado principalmente en la agricultura de los países desarrollados. Al mismo tiempo, el crecimiento general de la inversión del sector público en investigación y desarrollo agrícola en los países en desarrollo ha disminuido considerablemente. En el África subsahariana, de hecho, las inversiones disminuyeron en el decenio de 1990[3].

Durante la década de 1980 y hasta mediados de la de 1990 muchos países en desarrollo pusieron en práctica programas de ajuste estructural dirigidos a eliminar las actividades ineficientes del sector público y a permitir que un sector privado dinámico reanimase la agricultura. Los resultados fueron desiguales: en muchos casos no se materializó un sector privado dinámico o se desarrolló solamente en la producción comercializada de elevado potencial, mientras que el acceso a servicios e insumos agrícolas disminuyó en las zonas más marginales[4]. Más recientemente se ha registrado un cambio hacia la redefinición de la función del sector público para apoyar el desarrollo del sector privado, así como para proporcionar los bienes públicos necesarios para el desarrollo[5].

El crecimiento de cadenas de valor alimentarias organizadas y globalizadas es otra gran transformación que conlleva importantes repercusiones para la ISPA. Estas cadenas crean nuevas oportunidades de ingresos para los pequeños productores, pero también generan nuevas barreras para acceder a los mercados. Resulta preocupante, asimismo, que la concentración del poder de mercado en puntos concretos de la cadena reduzca los ingresos de otros actores de la cadena, especialmente los pequeños agricultores[6,7].

Existe un margen considerable para mejorar los beneficios económicos de los sistemas agrícolas al tiempo que se reducen las consecuencias ambientales y sociales. No obstante, para ello harán falta modelos alternativos de tecnología agrícola y desarrollo de la comercialización. Aunque el incremento de la productividad se puede conseguir más rápidamente en sistemas agrícolas especializados a gran escala que requieren muchos insumos, el mayor margen de mejora de los medios de subsistencia y la equidad existe en los sistemas de producción diversificados en pequeña escala[8].

Dada la incertidumbre de la demanda y las condiciones de la oferta en el futuro, son posibles varios escenarios para la intensificación sostenible en los países en desarrollo. Algunos de los factores más importantes que podrían ocasionar notables desviaciones de la vía de crecimiento de referencia son los siguientes:

- *Cambio climático.* Los efectos del cambio climático en la agricultura mundial podrían ser enormes. Las evaluaciones son complejas e incluyen proyecciones de los cambios potenciales del clima y sus repercusiones en la producción, la relación con el crecimiento demográfico y los hábitos alimentarios y los cambios de los mercados, el comercio y los precios[9]. Un reciente análisis realizado por el IFPRI[10] de los efectos del cambio climático en la agricultura hasta 2050 indicó que se registrarán graves efectos negativos para la productividad y se reducirán tanto la disponibilidad de alimentos como el bienestar de las personas en todas las regiones en desarrollo. Junto con el incremento de la demanda debido al incremento de los ingresos y al crecimiento de la población, es probable que ello contribuya a un incremento más o menos notable de los precios agrícolas reales entre 2010 y 2050, en función del escenario. En el informe se calcula que se necesitan fondos públicos por valor de, al menos, 7 000 millones de USD anuales, en tres categorías de inversiones en mejora de la productividad —investigación biológica, expansión de las carreteras rurales y ampliación del riego y mejora de la eficiencia— para compensar las pérdidas de productividad asociadas con el cambio climático hasta 2050. Otros estudios obtienen conclusiones menos graves y, según ellos, los efectos totales del cambio climático sobre los precios mundiales de los alimentos oscilarán entre el 7% y el 20% en 2050[11]. Dado que la agricultura también es una de las principales fuentes de emisiones de gases de efecto invernadero, el apoyo y los incentivos financieros para promover la adopción de vías de crecimiento agrícola que conlleven bajas emisiones serán cada vez más importantes. La reducción de las emisiones por unidad de producción será un aspecto clave de la ISPA[12, 13].

- *Degradación de los recursos naturales.* La calidad de los recursos de la tierra y el agua disponibles para la intensificación agrícola tiene importantes implicaciones para el diseño de la ISPA en muchas zonas. En el pasado se concedía prioridad a las zonas de producción favorables en cuanto a la intensificación agrícola[14]. La intensificación será cada vez más necesaria en zonas más marginales con condiciones productivas más variables, tales como la calidad del suelo y el agua, el acceso a agua, la topografía y el clima. En este contexto, una cuestión importante es la degradación ecosistémica, la cual reduce la disponibilidad y la productividad de los recursos naturales para la ISPA. La restauración de los ecosistemas degradados puede suponer unos gastos y tiempo considerable, y requerirá financiación a largo plazo.
- *Reducción de las pérdidas de productos alimenticios* y cambios en los hábitos alimentarios. La FAO ha informado acerca de unas pérdidas de productos alimenticios tras la cosecha de hasta el 50%. Dado que las actuaciones para evitar dichas pérdidas reducirían tanto la necesidad de incrementar la productividad como los costos a lo largo de la cadena de suministro y mejorarían la calidad de los productos, deberían formar parte de las políticas y estrategias de ISPA. Un escenario alternativo, que favorece la sostenibilidad ambiental y la salud de las personas, es la lentificación del crecimiento de la demanda de productos animales, lo que a su vez reduciría el crecimiento de la demanda de pienso y forraje.
- *Integración del mercado.* Para que la ISPA sea atractiva para los agricultores debe dar lugar a precios de mercado rentables. La tendencia al alza de los precios agrícolas, estimulada en parte por las limitaciones de los recursos que están ocasionando el paso a la ISPA, mejorará la rentabilidad de las inversiones en la intensificación. Además, el rápido crecimiento de la productividad en el ámbito local y en condiciones de mercados cerrados podría generar excedentes de mercado, lo que reduciría los precios locales. Los efectos de los precios también dependerán de la situación de la cadena de valor. El desarrollo de las cadenas de valor agrícolas debe tener como fin mejorar la capacidad de los pequeños productores de adoptar la ISPA y debe ofrecer incentivos.

Políticas que permiten ahorrar y crecer

Para que una estrategia de ISPA tenga éxito es necesario un cambio fundamental en la gestión de los conocimientos tradicionales y modernos, las instituciones, la inversión rural y el fomento de la capacidad. Las políticas en todos estos ámbitos tendrán que ofrecer incentivos a las diversas partes involucradas y, especialmente, a la población rural, para animarlas a participar en el desarrollo de la ISPA.

Fijación de los precios de los insumos y los productos

Para ser rentable la ISPA necesita un mercado dinámico y eficiente para los insumos y los servicios, así como para los productos finales. Es posible que los precios que los agricultores abonan por los insumos y a los que venden los productos agrícolas sean el principal determinante del nivel, el tipo y la sostenibilidad de la intensificación agrícola que adopten.

Los precios de los insumos son especialmente importantes para las estrategias de ISPA y harán falta políticas creativas para fomentar la eficiencia e influir en las técnicas elegidas. Un ejemplo de ello es la reintroducción de subvenciones "inteligentes con respecto al mercado", dirigidas a respaldar el crecimiento de la demanda y la participación en mercados de insumos empleando cupones y ayudas. Este enfoque tiene como fin evitar problemas registrados en el pasado con las subvenciones, tales como su ineficiencia, los efectos negativos en el medio ambiente y la pérdida de recursos financieros necesarios para su inversión en otros bienes públicos importantes, como son la investigación y la infraestructura rural[5].

A diferencia de ello, las subvenciones perjudiciales para el medio ambiente, denominadas en ocasiones "subvenciones perversas", las cuales fomentan el empleo de recursos naturales de modo que se destruye la biodiversidad[15], deben ser evaluadas en detalle y, cuando corresponda, reformularlas o eliminarlas. Se ha calculado que dichas subvenciones perjudiciales mundiales ascienden a entre 500 000 millones y 1,5 billones de USD anuales y constituyen una causa importante de daños ambientales e ineficiencia económica[16].

Por supuesto, la mayoría de las subvenciones no se diseñan para ser perjudiciales, sino para beneficiar a un sector social o económico concreto. Por ello, a la hora de planificar su eliminación resulta importante considerar los múltiples objetivos de los incentivos y tener en cuenta la complejidad de las interacciones entre los diferentes sectores afectados por ellas de manera tanto positiva como negativa[17]. Algunos países lo han conseguido: Nueva Zelandia eliminó las subvenciones agrícolas a partir de la década de 1980[18], el Brasil ha reducido la ganadería en la cuenca del Amazonas y Filipinas ha eliminado las subvenciones a los fertilizantes[17,19].

La estabilización de los precios de los productos agrícolas es una condición cada vez más importante para la intensificación sostenible de la producción agrícola en vista de la volatilidad experimentada en los mercados de productos en los últimos años. Para los agricultores que dependen de ingresos agrícolas la volatilidad de los precios implica notables fluctuaciones de los ingresos y un mayor riesgo. Además, reduce su capacidad de invertir en sistemas sostenibles e incrementa los incentivos para liquidar el capital natural como póliza de seguros.

A corto plazo, las políticas en muy pequeña escala dirigidas a abordar la volatilidad de los precios han solido fracasar. Es probable que una mayor coherencia en el ámbito de las políticas a gran escala —por ejemplo, transparencia sobre la disponibilidad para la exportación y las demandas de importación— produzca soluciones mucho más eficaces. También es necesario reformar los instrumentos existentes, tales como el Servicio de financiamiento compensatorio y el Servicio para Shocks Exógenos del Fondo Monetario Internacional. Mediante la provisión de financiación de las importaciones o garantías con condiciones limitadas, podrían funcionar como redes de seguridad mundiales[18].

Reglamentación del sector de las semillas

La consecución de la ISPA también dependerá de la reglamentación eficaz del sector de las semillas para garantizar el acceso de los agricultores a semillas de calidad de variedades adecuadas para sus condiciones de producción, consumo y comercialización. El acceso supone asequibilidad, disponibilidad de material de la variedad adecuadas e información sobre la adaptación de tal variedad[21].

La mayoría de los pequeños agricultores de países en desarrollo obtienen semillas en el sector informal de las semillas, lo que les proporciona variedades tradicionales obtenidas por los agricultores y semillas de variedades mejoradas conservadas por los agricultores. Una de las principales razones por las que los agricultores confían en el sector informal de las semillas es la disponibilidad de germoplasma adaptado a sus condiciones productivas. Algunas variedades locales podrían funcionar mejor que las variedades mejoradas en entornos agrícolas marginales[22]. Por lo tanto, la prestación de apoyo al sector informal es una manera de mejorar el acceso de los agricultores a material de plantación adecuado para la ISPA.

No obstante, el sector informal de las semillas carece de un medio viable de informar a los agricultores sobre las características de adaptación y producción de la variedad de las semillas, así como sobre su pureza genética y su calidad física[23]. En algunos casos la información necesaria se suministra, simplemente, mediante la observación del rendimiento de los cultivos en el huerto de un vecino. Sin embargo, esta no es una opción viable en intercambios con desconocidos y con fuentes de semillas que no son locales.

En los sistemas formales las semillas son genéticamente uniformes, se producen empleando técnicas científicas de fitomejoramiento y deben cumplir diversas normas de certificación. Las semillas de este sector suelen venderse a través de proveedores agrícolas especializados, agroempresas o puntos de venta gubernamentales, todos ellos sujetos a reglamentación. Toda estrategia completa de mejora del acceso de los agricultores a nuevas variedades y semillas de calidad debe respaldar y ampliar el sector formal de las semillas y mejorar sus vínculos con el sector informal.

Pagos por servicios ambientales

La carencia de unos precios de mercado para los servicios ecosistémicos y la biodiversidad implica que los beneficios derivados de tales bienes se desprecian o infravaloran en la toma de decisiones[24]. En el sector agrícola los precios de los alimentos no incorporan todos los costos conexos al entorno de la producción de alimentos. No existen organismos que recauden tasas por reducir la calidad del agua o por erosionar el suelo. Si los precios en la explotación reflejasen el costo total de la producción —y los agricultores pagasen por todo el daño ambiental causado— sería probable que aumentasen los precios de los alimentos. Además de penalizar por los perjuicios causados por las actividades agrícolas, las políticas podrían recompensar a los agricultores que realizan sus actividades de manera sostenible mediante, por ejemplo, sistemas de pago por servicios ambientales (PSA).

Cada vez se respalda más el empleo de pagos por servicios ambientales como parte de un entorno normativo favorable para el desarrollo agrícola y rural sostenible. El Banco Mundial recomienda que los gobiernos locales y nacionales y la comunidad internacional apliquen programas de PSA[5]. Los PSA se están integrando de manera creciente como fuente de financiación sostenible en proyectos de desarrollo y conservación más amplios de las carteras del Fondo para el Medio Ambiente Mundial y el Banco Mundial[25]. La FAO afirma que la demanda de servicios ambientales prestados por los paisajes agrícolas aumentará y que los PSA podrían constituir un medio importante de estimular su oferta. No obstante, su aplicación efectiva dependerá de las políticas e instituciones favorables en los ámbitos local e internacional, las cuales, en muchos casos, son inexistentes[26].

En la actualidad la función de los programas de PSA en apoyo de la agricultura sostenible es bastante limitada. Las iniciativas de PSA se han centrado principalmente en los programas de detracción de tierras y la experiencia en su aplicación a sistemas de producción agrícola es relativamente reducida. Para hacer realidad sus beneficios los programas de PSA tendrán que incluir a un gran número de productores y zonas, los cuales conseguirían economías de escala en costos de transacción y gestión del riesgo. La mejor integración de los PSA en los programas de desarrollo agrícola es una manera importante de reducir los costos de transacción.

Dada la limitación de los fondos públicos, habrá que buscar formas creativas de financiación alternativa o adicional a partir de fuentes privadas, especialmente cuando se pueden determinar beneficiarios privados de los PSA. Por ejemplo, en una reciente evaluación de la viabilidad de los PSA realizada por la FAO en Bhután se determinó que el apoyo gubernamental a la protección de los bosques y la reforestación ascendía a una tercera parte del presupuesto del Ministerio de Agricultura[27]. La mitad de los fondos para gestión de las cuencas hidrográficas se destinaban a las plantaciones[28]. Si una mayor parte de esta responsabilidad de la inversión se trasladase a las empresas que se benefician de la protección forestal, se podrían liberar fondos públicos adicionales para actividades que reciben financiación insuficiente —tales como la diversificación de los cultivos, la mejora de la ganadería y la gestión sostenible de la tierra—, lo que a su vez incrementaría la productividad de las explotaciones y la resistencia al cambio climático[29, 30].

Inversión en agricultura

Para que el sector privado —incluidos los agricultores, los elaboradores y los minoristas— participe en la ISPA, necesita una infraestructura y unos servicios públicos adecuados que son cruciales no solo para garantizar que la agricultura y la comercialización locales puedan competir con las importaciones, sino también para asegurar que los consumidores tengan acceso a alimentos producidos localmente y asequibles. Es especialmente importante que los gobiernos garanticen unos costos de transacción reducidos en la adquisición de insumos, la comercialización de productos y el acceso a recursos naturales, información, capacitación, educación y servicios sociales. Para ello será necesario disponer de fondos suficientes tanto para el mantenimiento como para la inversión neta.

El sector agrícola de los países en desarrollo requerirá una inversión notable y continuada en capital humano, natural, financiero y social para poder conseguir la ISPA. De acuerdo con los cálculos de la FAO, las inversiones brutas anuales medias necesarias en la agricultura primaria (fertilidad del suelo, maquinaria agrícola, ganado, etc.) y en los sectores finales (almacenamiento, comercialización y elaboración) para conseguir el incremento de la producción requerido para 2050 ascenderían a 209 000 millones de USD a precios de 2009 constantes. Se necesitarán inversiones públicas adicionales en investigación y desarrollo agrícolas, infraestructura rural y redes de protección social[21].

La inversión actual en la agricultura de los países en desarrollo es, claramente, insuficiente. La insuficiencia de los fondos nacionales se ha visto incrementada por la reducción de la asistencia oficial para el desarrollo destinada a la agricultura desde finales de la década de 1980. En su conjunto, estas deficiencias han dado lugar, durante las últimas dos décadas, a una reducción drástica del capital para el desarrollo de la agricultura. Para que la ISPA tenga éxito la inversión en agricultura debe incrementarse considerablemente.

La financiación para la adaptación al cambio climático y la mitigación del mismo es muy importante para la ISPA. Por ejemplo, uno de los principales medios de adaptación al cambio climático —el incremento de la resistencia de los sistemas de producción agrícola mediante el empleo de nuevas variedades generadas mediante la ampliación de los sistemas de fitomejoramiento y semillas— es también un componente fundamental de la intensificación sostenible. Por ello, la ISPA podría beneficiarse de los fondos destinados a la adaptación al cambio climático. Además, la intensificación sostenible podría desempeñar una función importante en la mitigación del cambio climático mediante el aumento de la captación de carbono en suelos gestionados sosteniblemente y mediante la reducción de las emisiones gracias al empleo más eficiente de los fertilizantes y el riego.

En la actualidad no existe ningún acuerdo o marco internacional para canalizar los fondos destinados a la mitigación a escala considerable a la agricultura de los países en desarrollo. Sin embargo, ello constituye un tema de debate en las negociaciones de la CMNUCC en el contexto de las medidas de mitigación apropiadas a nivel nacional[12, 21].

Instituciones de apoyo

La carencia de capacidad y funcionamiento institucionales es una limitación frecuente en la agricultura de los países en desarrollo y limita la eficacia de las políticas en el ámbito local. Las instituciones para la ISPA desempeñarán dos funciones básicas: garantizar la cantidad y calidad necesarias de los recursos importantes —recursos naturales, insumos vegetales, conocimientos y fondos— y garantizar que los pequeños agricultores puedan acceder a tales recursos. A continuación se clasifican las instituciones en dos categorías principales, a saber, las relativas a los recursos más importantes para la ISPA y las que influyen en el funcionamiento de los mercados de productos agrícolas, incluidas las cadenas de valor.

Acceso a los recursos importantes

Tierra. El paso a la ISPA requiere que se mejoren la fertilidad del suelo, el control de la erosión y la gestión del agua. Los agricultores solamente realizarán tales actividades si pueden extraer beneficios, durante un período de tiempo suficientemente largo, a partir del incremento del valor del capital natural. No obstante, estos derechos suelen estar mal definidos, solaparse o no estar formalizados. La mejora de los derechos de los agricultores sobre la tierra y el agua —especialmente los de las mujeres, responsables de manera creciente de la toma de decisiones— es un incentivo clave para la adopción de la ISPA.

Los programas de tenencia de la tierra de muchos países en desarrollo se han centrado en la formalización y la privatización de los derechos sobre la tierra y han prestado poca atención a los sistemas tradicionales y colectivos de tenencia. Los gobiernos deberían reconocer en mayor medida tales sistemas, ya que existen cada vez más pruebas que indican que, donde proporcionan un cierto grado de seguridad, también pueden ofrecer incentivos eficaces para las inversiones[31]. No obstante, los sistemas tradicionales que se basan en jerarquías sociales tradicionales podrían ser injustos y no proporcionar el acceso necesario para la intensificación sostenible. Si bien no existe un único modelo de "buenas prácticas" para reconocer la tenencia tradicional de la tierra, las investigaciones realizadas recientemente han señalado una tipología para seleccionar respuestas alternativas en materia de políticas partiendo de la base de la capacidad del sistema de tenencia tradicional[32].

Recursos fitogenéticos. El mejoramiento de los cultivos es fundamental para la ISPA. Durante la Revolución Verde el sistema internacional que generó las nuevas variedades de cultivos se basaba en el acceso libre a los recursos fitogenéticos. Hoy en día las políticas nacionales e internacionales respaldan de manera creciente la privatización de los recursos fitogenéticos y el fitomejoramiento mediante el empleo de los derechos de propiedad intelectual (DPI). El número de países que proporcionan protección jurídica a las variedades de plantas ha aumentado rápidamente en respuesta al Acuerdo de la OMC sobre los Aspectos de los Derechos de Propiedad Intelectual relacionados con el Comercio, en el que se estipula que los miembros deben ofrecer protección mediante "patentes... (o) mediante un sistema eficaz *sui generis*"[33].

Los sistemas de protección de las variedades vegetales suelen conceder un derecho exclusivo temporal a los fitomejoradores de una nueva variedad para evitar que otros reproduzcan y vendan semillas de tal variedad. Tales sistemas oscilan desde los sistemas de patentes con normas bastante restrictivas hasta los sistemas más abiertos con arreglo a la Unión Internacional para la Protección de las Obtenciones Vegetales, la cual contiene la denominada "exención del obtentor", en virtud de la cual los actos realizados con el fin de crear nuevas variedades no están sujetos a ninguna restricción.

Los DPI han estimulado el rápido crecimiento de la financiación de la investigación y el desarrollo agrícolas en el sector privado. Tan solo hace 20 años la mayor parte de la I+D eran realizados por universidades y laboratorios públicos de países industrializados, y generalmente estaban disponibles en el ámbito público. En la actualidad la inversión se concentra en las seis empresas más importantes[34]. Existen pruebas de que el abismo entre el pequeño grupo de países con una elevada cuantía de inversiones en I+D y el gran número de países con inversiones muy reducidas es cada vez mayor[3, 35]. Todavía más importante es el hecho de que los efectos tecnológicos registrados en los países en desarrollo procedentes de los países industrializados están motivados por programas de investigación orientados a las perspectivas comerciales, y no a conseguir los máximos bienes públicos.

La concentración cada vez mayor existente en la industria privada de fitomejoramiento y semillas y los elevados costos asociados al desarrollo y la patente de innovaciones biotecnológicas suscitan preocupación sobre la posibilidad de que la introducción de DIP inadecuados restrinja el acceso a los recursos fitogenéticos necesarios para elaborar nuevas iniciativas de fitomejoramiento en el sector público[34, 36]. Se ha argumentado que la propiedad descentralizada de los DPI y los costos de transacción elevados pueden dar lugar a un fenómeno de "parcelación del patrimonio común" en el que las innovaciones con DPI fragmentados se emplean muy poco, lo que impide la obtención de nuevas variedades[37].

Por ello, se necesitan mecanismos para proteger el acceso a los recursos fitogenéticos para la ISPA en los planos tanto mundial como nacional. Está surgiendo un sistema mundial para la conservación y el uso de los recursos fitogenéticos que proporcionará el marco internacional necesario para el respaldo de la ISPA (para más información al respecto, consúltese el Capítulo 4, *Cultivos y variedades*). Existen varios tipos de regímenes nacionales de DPI con diversos grados de obligaciones y acceso[38]. Los países deberían adoptar sistemas de DPI que garanticen el acceso de sus programas de mejoramiento nacionales a los recursos fitogenéticos necesarios para la ISPA.

Investigación. La investigación agrícola aplicada debe incrementar mucho su eficacia a la hora de facilitar grandes transformaciones en los sistemas de uso de la tierra y de cultivo para la ISPA. Los sistemas de investigación agrícola no suelen estar suficientemente orientados al desarrollo y en muy pocas ocasiones han conseguido integrar las necesidades y prioridades de la población pobre en su trabajo. Muchos sistemas de investigación tienen recursos insuficientes e incluso algunos que están bien financiados no están suficientemente conectados con los procesos más amplios de desarrollo[39]. A continuación se indican los pasos más importantes para reforzar la investigación para la ISPA:

- *Incrementar la financiación.* La disminución de la inversión pública en I+D agrícolas debe invertirse. La financiación para los centros del GCIAI y los sistemas nacionales de investigación agrícola debe mejorarse notablemente y deben reforzarse los vínculos entre los sectores público y privado.
- *Reforzar los sistemas de investigación comenzando en el ámbito local.* Para generar soluciones pertinentes, aceptables y atractivas para la población local, la investigación sobre prácticas de ISPA debe comenzar en los ámbitos local y nacional, con el apoyo del ámbito mundial. Si bien son importantes, los esfuerzos investigativos del GCIAI no pueden sustituir el establecimiento de estrategias, la planificación, la ejecución, la resolución de problemas y el aprendizaje necesarios en múltiples frentes, tareas que solamente las instituciones y los interesados nacionales pueden y deben realizar[39]. Existe un margen enorme pero infrautilizado para vincular los conocimientos tradicionales de los agricultores con las innovaciones basadas en la ciencia mediante acuerdos institucionales favorables. Lo mismo es cierto en cuanto al diseño, la ejecución y el seguimiento de la gestión mejorada de los recursos naturales que vincula las iniciativas comunitarias con los conocimientos técnicos externos.

- *Focalizar la investigación sobre ISPA en zonas de potencial tanto elevado como reducido.* Las zonas de potencial elevado continuarán siendo las principales proveedoras de alimentos en muchos países. No obstante, la capacidad productiva de los recursos de la tierra y el agua está llegando a su límite en algunas zonas y no será suficiente para garantizar la seguridad alimentaria. Por lo tanto, una gran parte del crecimiento futuro de la producción de alimentos tendrá que tener lugar en las zonas de bajo potencial o marginales, donde viven cientos de millones de las personas más pobres y que padecen mayor inseguridad alimentaria del mundo. La ISPA y el empleo rural conexo ofrecen las perspectivas más realistas de mejorar la nutrición y los medios de subsistencia de estas personas.
- *Conceder prioridad a la investigación que beneficie a los pequeños productores.* En países de bajos ingresos e importadores de alimentos, los productores en pequeña escala, los trabajadores agrícolas y los consumidores pueden beneficiarse directamente de la investigación en materia de ISPA centrada en los cultivos alimentarios básicos, los cuales presentan una ventaja comparativa. También se debería conceder prioridad al incremento de la productividad agrícola y a la conservación de los recursos naturales en zonas marginales muy pobladas, a la diversificación de productos para producir otros de mayor valor con vistas a incrementar y estabilizar los ingresos de los agricultores y a las prácticas mejoradas que aumentan el rendimiento laboral de trabajadores rurales con muy pocas tierras o sin ellas[40].
- *Aprender de los fracasos y los casos de éxito.* En un reciente estudio realizado por el IFPRI sobre los casos de éxito demostrados en el desarrollo agrícola[10] se señalan la obtención de trigo resistente a la roya y el maíz mejorado en todo el mundo, las variedades mejoradas de yuca en África, el "reverdecimiento del Sahel" liderado por los agricultores en Burkina Faso (consúltese el Capítulo 3, *La salud del suelo*) y la agricultura sin labranza en la Argentina y en la Llanura Indo-Gangética (consúltese el Capítulo 2, *Sistemas de explotación agrícola*). Tales casos de éxito fueron el resultado de una combinación de factores como la inversión pública constante, los incentivos privados, la experimentación, la evaluación local, la participación de la comunidad y el liderazgo dedicado. En todos los casos la ciencia y la tecnología fueron determinantes.
- *Vincular la investigación con la extensión.* Es necesario solucionar los problemas de la productividad reducida y la degradación de los recursos naturales a gran escala, pero la replicación de las prácticas de ISPA se ve limitada por la gran variedad y diversidad de condiciones específicas de cada lugar. Por ello, la vinculación de la investigación local, nacional e internacional y los servicios de extensión específicos de un lugar es especialmente importante. Para que sean pertinentes para el avance de la ISPA los sistemas de investigación y extensión deben trabajar con los agricultores a la hora de afrontar múltiples desafíos.

Tecnologías e información. La adopción con éxito de la ISPA dependerá de la capacidad de los agricultores de tomar las decisiones tecnológicas adecuadas teniendo en cuenta sus implicaciones tanto a corto como a largo plazo. Los agricultores también deben tener un buen entendimiento del papel que desempeñan las funciones agroecosistémicas. La riqueza de conocimientos tradicionales poseída por los agricultores y las comunidades locales de todo el mundo ha sido documentada extensivamente, en especial en el informe de la Evaluación internacional del conocimiento, ciencia y tecnología en el desarrollo agrícola[8]. Se necesitan instituciones que protejan estos conocimientos y que faciliten su intercambio y su empleo en estrategias de ISPA.

Las instituciones deben garantizar, asimismo, el acceso de los agricultores a los conocimientos externos pertinentes y ayudar a vincularlos con los conocimientos tradicionales. Los servicios de asesoramiento rural y extensión agrícola constituyeron el principal canal para hacer llegar los nuevos conocimientos a los agricultores y, en ocasiones, para recoger los conocimientos tradicionales. No obstante, los sistemas de extensión públicos de muchos países en desarrollo llevan disminuyendo bastante tiempo y el sector privado no ha conseguido satisfacer las necesidades de los productores de ingresos bajos[12]. El modelo de extensión agrícola estándar, del sector público y motivado por la oferta, basado en la transferencia y la distribución de tecnología, ha desaparecido prácticamente en muchos países, especialmente en América Latina[41].

La extensión se ha privatizado y descentralizado y en la actualidad las actividades incluyen a una gran variedad de actores como agroempresas, organizaciones no gubernamentales, organizaciones de productores e intercambios entre agricultores, así como nuevos canales de comunicación como los teléfonos móviles e Internet[42]. Una enseñanza importante que se puede extraer de esta experiencia es que los costos de transacción elevados de los contactos de extensión individualizados constituyen un notable obstáculo para llegar a los pequeños productores de bajos ingresos. Los servicios de asesoramiento de apoyo a la ISPA tendrán que basarse en las organizaciones y redes de agricultores y en las asociaciones entre los sectores público y privado[12].

La FAO promueve las escuelas de campo para agricultores como un enfoque participativo de la educación y la habilitación de los agricultores. El objetivo de las escuelas de campo para agricultores es fomentar la capacidad de los agricultores para analizar sus sistemas productivos, detectar problemas, probar posibles soluciones y adoptar las prácticas y técnicas adecuadas. Las escuelas de campo para agricultores han tenido muchísimo éxito en Asia y el África subsahariana, especialmente en Kenya y Sierra Leona, donde abarcan una gran variedad de actividades agrícolas, incluida la comercialización, y han resultado ser sostenibles incluso sin la financiación de los donantes.

Para tomar las decisiones adecuadas sobre qué plantar y dónde vender, los agricultores necesitan acceder a información fiable sobre los precios de mercado, incluidas las tendencias a medio plazo. Los servicios gubernamentales de información sobre el mercado sufren muchas de las mismas deficiencias que afectan a los servicios de extensión[43]. En la actualidad existe un renovado interés de los donantes y comercial por la información de mercado y, para ello, se aprovechan sistemas como los mensajes de texto e Internet.

Recursos financieros para los agricultores. El crédito será fundamental para fomentar la capacidad técnica y operativa necesaria para la ISPA. Concretamente, se necesitan préstamos a plazo más largo para invertir en capital natural, como la fertilidad del suelo, que incremente la eficiencia, fomente las buenas prácticas agrícolas e impulse la producción. Aunque en los últimos años han llegado a las zonas rurales de los países en desarrollo muchos tipos nuevos de instituciones —cooperativas de crédito, cooperativas de ahorro e instituciones de microfinanciación—, la mayoría de los pequeños agricultores tienen acceso reducido o inexistente a ellas. La incapacidad de las instituciones financieras locales de ofrecer préstamos a plazo más largo, junto con la carencia de garantías por parte de los agricultores, impide la intensificación agrícola sostenible.

Los seguros animarían a los agricultores a adoptar sistemas productivos que son potencialmente más productivos y rentables, pero que conllevan un mayor riesgo financiero. En los últimos años se han introducido programas piloto de seguros de los cultivos como instrumento de gestión del riesgo en muchas comunidades rurales de países en desarrollo. Los productos de seguros indexados —en los que las indemnizaciones se conceden cuando ocurre un episodio meteorológico cuantificable, como una sequía o precipitaciones torrenciales, en lugar de mediante el cálculo de las pérdidas sobre el terreno— han sido apoyados de manera entusiasta por los donantes y los gobiernos. Las evaluaciones realizadas por el FIDA y el Programa Mundial de Alimentos de 36 programas piloto de seguros indexados contra las inclemencias meteorológicas han demostrado su potencial como instrumento de gestión del riesgo[44].

Las alternativas a los seguros, especialmente la acumulación de ahorros y otros bienes comercializables, se suelen ignorar. Además, deberían considerarse seriamente las medidas e instrumentos preventivos aplicados en la explotación para reducir la exposición al riesgo.

Redes de protección social productivas. Los programas de redes de seguridad social incluyen las transferencias de efectivo y la distribución de alimentos, semillas y herramientas[45]. Garantizan el acceso a una cantidad mínima de alimentos y otros servicios sociales cruciales. Algunas iniciativas puestas en práctica recientemente son el Programa de red de seguridad productiva de Etiopía y el Programa de protección contra el hambre de Kenya. Se está debatiendo si tales programas podrían crear dependencia y debilitar los mercados locales. No obstante, existen pruebas recientes que indican que las contrapartidas entre la protección y el desarrollo no son pronunciadas[46]. Así, los programas de redes de seguridad pueden ser una forma de inversión social en capital humano —por ejemplo, en nutrición y educación— y capital productivo y permiten a las familias adoptar estrategias de mayor riesgo dirigidas a conseguir una mayor productividad[27].

Los responsables de las políticas deben comprender las causas determinantes de la vulnerabilidad en el ámbito familiar y deben diseñar redes de seguridad productivas que contrarresten la espiral descendente entre las perturbaciones externas y las estrategias de resistencia. Entre estas últimas se incluyen la venta de bienes, la reducción de la inversión en recursos naturales y la retirada de los niños de la escuela, todas ellas perjudiciales para la sostenibilidad. Asimismo, las redes de seguridad se están vinculando de manera creciente a enfoques basados en los derechos de la seguridad alimentaria[47].

Instituciones de comercialización y cadenas de valor agrícolas

El crecimiento del sector de la comercialización de alimentos en los países en desarrollo ofrece nuevas oportunidades a los pequeños agricultores porque pone a su alcance una mayor variedad de proveedores de insumos y de puntos de venta para sus productos y, además, aumenta su acceso a crédito y formación[48, 49]. Sin embargo, el acceso a los mercados tanto de insumos como de productos ha resultado ser difícil para muchos pequeños productores, quienes siguen estando excluidos de la nueva economía agrícola[50-53].

La manera en que los pequeños productores encajan en una cadena de valor agrícola concreta depende en gran medida de las estructuras de costos subyacentes a la cadena y a sus procesos productivos[54]. La principal ventaja en materia de costos de los pequeños productores es su capacidad de proporcionar mano de obra de bajo costo para cultivos que requieren una gran mano de obra. Cuando los pequeños productores no tienen una ventaja comparativa evidente, las agroempresas podrían buscar estructuras alternativas para organizar la producción, tales como la integración vertical o la compra directa a grandes productores. En estos casos, el reto consiste en crear ventajas comparativas para los pequeños agricultores o reducir los costos de transacción asociados con la compra a un gran número de agricultores que producen pequeñas cantidades. Para forjar vínculos con mercados de valor elevado los pequeños agricultores deben organizarse en instituciones que reduzcan los costos de transacción y deben tener acceso a información sobre los requisitos de los mercados[48, 49, 54, 55].

La agricultura contractual ofrece mecanismos de coordinación vertical entre los agricultores y los compradores que permite un grado evidente de garantía en algunos de los principales parámetros de la negociación, tales como el precio, la calidad, la cantidad y el calendario de distribución[56]. Si bien los agricultores se han beneficiado de acuerdos contractuales, existen pruebas sustanciales que indican que los agricultores en menor escala son, con frecuencia, incapaces de establecer acuerdos formales[55].

La mejora del marco jurídico e institucional de los contratos reduciría drásticamente los costos de transacción[55,57]. No obstante, la consolidación de las explotaciones como consecuencia del incremento del empleo rural ajeno a la agricultura o la emigración a zonas urbanas parece inevitable.

El acceso de los pequeños agricultores a los mercados también se puede incrementar mediante la mejora de la organización y el aumento de la cooperación, lo que incluirá no solo a los agricultores sino a un gran número de interesados como los proveedores de servicios de apoyo agrícola, las ONG, los investigadores, las universidades, los gobiernos locales y los donantes internacionales. Un ejemplo de ello es la Plataforma de concertación de Ecuador, la cual ha ayudado a los agricultores a conseguir mayores rendimientos y márgenes brutos y reducir al mismo tiempo el empleo de plaguicidas tóxicos. No obstante, su capacidad de autofinanciación todavía no se ha verificado[54].

El camino por recorrer

Desde el inicio los responsables de las políticas deberían analizar en profundidad y con detenimiento las experiencias pasadas y actuales con vistas a determinar claramente las opciones disponibles y los pasos que es necesario tomar para fomentar la intensificación sostenible de la producción agrícola. No existe un conjunto de recomendaciones apropiadas para todos los casos concernientes a la elección de las políticas e instituciones más adecuadas. No obstante, sí se pueden determinar las principales características de un entorno de políticas e institucional para la ISPA, a saber:

- *Vínculo del apoyo de los sectores público y privado.* El sector privado y la sociedad civil tienen una importante función que desempeñar en el incremento de la disponibilidad de fondos de inversión, en la promoción de una mayor eficiencia y responsabilidad de las instituciones y en la garantía de un proceso normativo participativo y transparente. A la hora de movilizar recursos habría que tener en cuenta la variedad completa de servicios y productos que puede generar la ISPA. Los pagos por servicios ecosistémicos generados por un sistema productivo sostenible podrían resultar ser una fuente importante de recursos de inversión.

- *Incorporación del valor de los recursos naturales y los servicios ecosistémicos a las políticas de precios de los insumos y productos agrícolas.* Esto se puede conseguir estableciendo normas ambientales realistas, eliminando los incentivos perjudiciales —como las subvenciones a los fertilizantes, el agua y los plaguicidas— o creando incentivos positivos como los pagos por servicios ambientales o el etiquetado ambiental en las cadenas de valor.

- *Incremento de la coordinación y reducción de los costos de transacción.* Para incluir plenamente a los pequeños agricultores en el desarrollo de la ISPA se requieren acciones coordinadas para reducir los costos de transacción del acceso a mercados de insumos y productos, extensión y pagos por servicios ambientales. Por lo tanto, las instituciones y tecnologías que facilitan la participación —como los grupos de agricultores, las organizaciones comunitarias, las formas tradicionales de acción colectiva y las tecnologías modernas de la comunicación— son requisitos clave para la ISPA.

- *Creación de sistemas reglamentarios, de investigación y asesoramiento para una gran variedad de condiciones de producción y comercialización.* La ISPA constituye un cambio desde un modelo muy normalizado y homogéneo de producción agrícola a marcos reglamentarios que permiten y fomentan la heterogeneidad, por ejemplo mediante la inclusión de los sistemas informales de semillas en las políticas de reglamentación de las semillas y mediante la integración de los conocimientos tradicionales en la investigación y el desarrollo.
- *Reconocimiento de las prácticas tradicionales de acceso y gestión e inclusión de las mismas en las iniciativas de ISPA.* Es importante evaluar y reforzar la capacidad actual de los sistemas tradicionales de acceso a los insumos necesarios para la ISPA y de los sistemas autóctonos de gestión agrícola.

Las políticas y los programas para la intensificación sostenible de la producción agrícola abarcarán múltiples sectores e incluirán diversos interesados. Por ello, la estrategia que se emplee para conseguir la ISPA debe ser un componente multisectorial de una estrategia de desarrollo nacional. Un paso importante para los responsables de las políticas a la hora de conseguir la adopción de la ISPA es iniciar un proceso de inclusión de las estrategias de ISPA en los objetivos de desarrollo nacionales. La ISPA debería ser parte integral de los programas de desarrollo nacionales, tales como los procesos estratégicos de reducción de la pobreza y las estrategias e inversiones en seguridad alimentaria, incluido el seguimiento de los compromisos de apoyo a la seguridad alimentaria realizados en la Cumbre del G-8 celebrada en L'Aquila (Italia) en 2009.

La aplicación de los programas y planes relativos a la intensificación sostenible de la producción agrícola en los países en desarrollo requiere acciones concertadas en los planos internacional y nacional con la participación de los gobiernos, el sector privado y la sociedad civil. En la actualidad se considera que los procesos en los que participan múltiples partes interesadas son la clave para conseguir la seguridad alimentaria en todos los niveles. En el plano mundial, la FAO y sus asociados en el desarrollo desempeñarán una función de apoyo importante.

Fuentes

Capítulo 1: El desafío

1. FAO. 2004. *La ética de la intensificación sostenible de la agricultura.* Estudio FAO: Cuestiones de ética, n.º 3. pp. 3-5. Roma.

2. Kassam, A. y Hodgkin, T. 2009. *Rethinking agriculture: Agrobiodiversity for sustainable production intensification.* Platform for Agrobiodiversity Research (http://agrobiodiversityplatform.org/climatechange/2009/05/14/rethinking-agriculture-agrobiodiversity-for-sustainable-production-intensification/).

3. Royal Society. 2009. *Reaping the benefits: Science and the sustainable intensification of global agriculture.* RS Policy document 11/09. Londres.

4. Hazell, P.B.R. 2008. *An assessment of the impact of agricultural research in South Asia since the green revolution.* Roma, Secretaría del Consejo Científico.

5. Gollin, D., Morris, M. y Byerlee, D. 2005. Technology adoption in intensive post-green revolution systems. *Amer. J. Agr. Econ.*, 87(5): 1310-1316.

6. Tilman, D. 1998. The greening of the green revolution. *Nature*, 396: 211-212. DOI: 10.1038/24254

7. Banco Mundial. 2007. *Informe sobre el desarrollo mundial 2008.* Washington, DC, Banco Internacional de Reconstrucción y Fomento y Banco Mundial.

8. FAO. 2011. Base de datos estadísticos FAOSTAT (http://faostat.fao.org/).

9. FAO. 2009. *El estado de la inseguridad alimentaria en el mundo: Crisis económicas: Repercusiones y enseñanzas extraídas.* Roma.

10. Bruinsma, J. 2009. *The resource outlook to 2050: By how much do land, water and crop yields need to increase by 2050?* Documento presentado en el Foro de Expertos de Alto Nivel de la FAO sobre como alimentar al mundo en 2050, 24–26 de junio de 2009. Roma, FAO.

11. Tilman, D., Cassman, K.G., Matson, P.A., Naylor, R. y Polasky, S. 2002. Agricultural sustainability and intensive production practices. *Nature*, 418: 671–677.

12. FAO. 2010. *El estado de la inseguridad alimentaria en el mundo: La inseguridad alimentaria en crisis prolongadas.* Roma.

13. FAO. 2009. *Food security and agricultural mitigation in developing countries: Options for capturing synergies.* Roma.

14. FIDA. 2010. *Informe sobre la pobreza rural 2011. Nuevas realidades, nuevos desafíos: Nuevas oportunidades para la generación del mañana.* Roma.

15. Naciones Unidas. *World urbanization prospects, the 2009 revision population database* (http://esa.un.org/wup2009/unup/index.asp).

16. Rosegrant, M.W., Ringler, C. y Msangi, S. 2008. *International model for policy analysis of agricultural commodities and trade (IMPACT): Model description.* Washington, DC, IFPRI.

17. FAO. 2003. *Agricultura mundial: Hacia los años 2015/2030*, por J. Bruinsma, ed. Reino Unido, Earthscan Publications Ltd y Roma, FAO.

18. FAO. 2009. *Alimentar al mundo, erradicar el hambre.* Documento de antecedentes de la Cumbre Mundial sobre la Seguridad Alimentaria, Roma, Noviembre 2009. Roma.

19. Nellemann, C., MacDevette, M., Manders, T., Eickhout, B., Svihus, B., Prins, A.G. y Kaltenborn, B.P., eds. 2009. *The environmental food crisis – The environment's role in averting future food crises. A UNEP rapid response assessment.* Noruega, Programa de las Naciones Unidas para el Medio Ambiente y GRID-Arendal.

20. IPCC. 2001. *Climate Change 2001: Synthesis report. A contribution of working groups I, II, and III to the Third Assessment Report of the Intergovernmental Panel on Climate Change*, por R.T. Watson and the Core Writing Team, eds. Reino Unido, Cambridge, y Nueva York, NY, EE.UU., Cambridge University Press.

21. IPCC. 2007. *Cambio Climático 2007: Informe de Síntesis. Una evaluación del Grupo Intergubernamental de Expertos sobre el Cambio Climático.* Ginebra, Suiza.

22. Rosenzweig, C. y Tubiello, F.N. 2006. Adaptation and mitigation strategies in agriculture: An analysis of potential synergies. *Mitigation and adaptation strategies for global change*, 12: 855-873.

23. Jones, P. y Thornton, P. 2008. Croppers to livestock keepers: Livelihood transitions to 2050 in Africa due to climate change. *Environmental Science & Policy*, 12(4): 427-437.

24. Burney, J.A., Davis, S.J. y Lobell, D.B. 2010. Greenhouse gas mitigation by agricultural intensification. *Proc. Natl. Acad. Sci.*, 107(26): 12052-12057.

25. FAO. 2010. *La volatilidad de precios en los mercados agrícolas: Evidencia, efectos en la seguridad alimentaria y respuestas normativas.* Perspectivas Económicas y Sociales Informes de Política n.º 12. Roma.

26. Nelson, G.C., Rosegrant, M.W., Palazzo, A., Gray, I., Ingersoll, C., Robertson, R., Tokgoz, S., Zhu, T., Sulser, T.B., Ringler, C., Msangi, S. y You, L. 2010. *Food security, farming, and climate change to 2050: Scenarios, results, policy options.* Washington, DC, IFPRI.

27. FAO. 2006. *World agriculture: Towards 2030/2050. An FAO perspective.* Roma.

28. CE. 2007. *Food security thematic programme: Thematic strategy paper and multiannual indicative programme 2007-2010.* Bruselas.

29. Godfray, C., Beddington, J.R., Crute, I.R., Haddad, L., Lawrence, D., Muir, J.F., Pretty, J., Robinson, S., Thomas, S.M. y Toulmin, C. 2010. Food security: The challenge of feeding 9 billion people. *Science*, 327: 812-818.

30. FAO. 2010. *Informe del 22.º período de sesiones del Comité de Agricultura, Roma, 29 de noviembre – 3 de diciembre 2010.* Roma.

31. FAO. 2010. *Intensificación sostenible de la producción agrícola mediante un enfoque ecosistémico y un entorno favorable: mejora de la eficiencia a través de la gestión y servicios ecosistémicos.* Roma.

32. Foresight. 2011. *The future of food and farming: Challenges and choices for global sustainability.* Informe final del proyecto. Londres, the Government Office for Science.

33. IAASTD. 2009. *Agriculture at the crossroads*, por B.D. McIntyre, H.R. Herren, J. Wakhungu y R.T. Watson, eds. Washington, DC.

34. Pretty, J.N., Noble, A.D., Bossio, D., Dixon, J., Hine, R.E., de Vries, F. y Morison, J.I.L. 2006. Resource-conserving agriculture increases yields in developing countries. *Environ. Sci. Technol.*, 40: 1114-1119.

35. Badgley, C., Moghtader, J., Quintero, E., Zakem, E., Chappell, M., Aviles-Vazquez, K., Samulon, A. y Perfecto, I. 2007. Organic agriculture and the global food supply. *Renew. Agric. Food Syst.*, 22, 86-108.

36. Power, A.G. 2010. Ecosystem services and agriculture: Tradeoffs and synergies. *Phil. Trans. R. Soc. B.*, 365(1554): 2959-2971.

37. Warner, K.D. 2006. Extending agroecology: Grower participation in partnerships is key to social learning. *Renewable Food Agric. Syst.*, 21(2): 84-94.

38. Swanson, B.E. y Rajalahti, R. 2010. *Strengthening agricultural extension and advisory systems: Procedures for assessing, transforming, and evaluating extension systems.* Agricultura y Desarrollo Rural Documento de debate 45. Washington, DC, Banco Internacional de Reconstrucción y Fomento y Banco Mundial.

39. FAO. 2011. *El Estado Mundial de la Agricultura y la Alimentación: Las mujeres en la agricultura – Cerrar la brecha de género en aras del desarrollo.* Roma.

Capítulo 2: Sistemas de explotación agrícola

1. Doran, J.W. y Zeiss, M.R. 2000. Soil health and sustainability: Managing the biotic component of soil quality. *Applied Soil Ecology*, 15: 3-11.

2. Pretty, J. 2008. Agricultural sustainability: Concepts, principles and evidence. *Phil Trans Royal Society of London*, B 363(1491): 447-466.

3. Kassam, A.H., Friedrich, T., Shaxson, F. y Pretty, J. 2009. The spread of Conservation Agriculture: Justification, sustainability and uptake. *Int. Journal of Agric. Sust.*, 7(4): 292-320.

4. Godfray, C., Beddington, J.R., Crute, I.R., Haddad, L., Lawrence, D., Muir, J.F., Pretty, J., Robinson, S., Thomas, S.M. y Toulmin, C. 2010. Food security: The challenge of feeding 9 billion people. *Science*, 327: 812-818.

5. Pretty, J., Toulmin, C. y Williams, S. 2011. Sustainable intensification in African agriculture. *Int. Journal of Agric. Sust.*, 9.1. (En prensa)

6. Shaxson, F., Kassam, A., Friedrich, T., Boddey, R. y Adekunle, A. 2008. *Underpinning the benefits conservation agriculture: Sustaining the fundamental of soil health and function.* Main document for the Workshop on Investing in Sustainable Crop Intensification: The case of soil health, 24-27 de julio. Roma, FAO.

7. Uphoff, N., Ball, A.S., Fernandes, E., Herren, H., Husson, O., Laing, M., Palm, C., Pretty, J., Sanchez, P., Sanginga, N. y Thies, J., eds. 2006. *Biological approaches to sustainable soil systems.* Boca Ratón, Florida, EE.UU., CRC Press, Taylor & Francis Group.

8. Montgomery, D. 2007. *Dirt, the erosion of civilizations.* Berkeley y Los Angeles, EE.UU., University California Press.

9. FAO. 2003. *World agriculture: Towards 2015/2030*, por J. Bruinsma, ed. Reino Unido, Earthscan Publications Ltd y Roma, FAO.

10. Mrema, G.C. 1996. *Agricultural development and the environment in Sub-Saharan Africa: An engineer's perspective.* Documento principal presentado en la Primera Conferencia Internacional de SEASAE, 2-4 de octubre, 1996, Arusha, Tanzania.

11. Legg, B.J., Sutton, D.H. y Field, E.M. 1993. *Feeding the world: Can engineering help?* Fourth Erasmus Darwin Memorial Lecture, 17 de noviembre de 1993, Silsoe.

12. Baig, M.N. y Gamache, P.M. 2009. *The economic, agronomic and environmental impact of no-till on the Canadian prairies.* Canadá, Alberta Reduced Tillage Linkages.

13. Lindwall, C.W. y Sonntag, B., eds. 2010. *Landscape transformed: The history of conservation tillage and direct seeding.* Saskatoon, Canadá, Knowledge Impact in Society.

14. Friedrich, T. y Kienzle, J. 2007. *Conservation agriculture: Impact on farmers' livelihoods, labour, mechanization and equipment.* Roma, FAO.

15. Giller, K.E., Murmiwa, M.S., Dhliwayo, D.K.C., Mafongoya, P.L. y Mpepereki, S. 2011. Soyabeans and sustainable agriculture in Southern Africa. *Int. Journal of Agric. Sust.*, 9(1). (En prensa)

16. Knuutila, O., Hautala, M., Palojarvi, A. y Alakukku, L. 2010. Instrumentation of automatic measurement and modelling of temperature in zero tilled soil during whole year. En: *Proceedings of the International Conference on Agricultural Engineering AgEng 2010, Towards Environmental Technologies, Clermont Ferrand, Francia, 6-8 de septiembre.* Francia, Cemagref.

17. Owenya, M.Z., Mariki, W.L., Kienzle, J., Friedrich, T. y Kassam, A. 2011. Conservation agriculture (CA) in Tanzania: The case of Mwangaza B CA farmer field school (FFS), Rhotia Village, Karatu District, Arusha. *Int. Journal of Agric. Sust.*, 9.1. (En prensa)

18. Bruce, S.E., Howden, S.M., Graham, S., Seis, C., Ash, J. y Nicholls, A.O. 2005. Pasture cropping: Effect on biomass, total cover, soil water & nitrogen. *Farming Ahead.*

19. Landers, J. 2007. Tropical crop-livestock systems in Conservation Agriculture: The Brazilian experience. *Integrated Crop Management,* 5. Roma, FAO.

20. Joshi, P.K., Challa, J. y Virmani, S.M., eds. 2010. *Conservation agriculture: Innovations for improving efficiency, equity and environment.* Nueva Delhi, New Delhi National Academy of Agricultural Sciences.

21. IFPRI. 2010. Zero tillage in the rice-wheat systems of the Indo-Gangetic Plains: A review of impacts and sustainability implications, by O. Erenstein. *En* D.J. Spielman y R. Pandya-Lorch, eds. *Proven successes in agricultural development: A technical compendium to millions fed.* Washington, DC.

22. Sims, B., Friedrich, T., Kassam, A.H. y Kienzle, J. 2009. *Agroforestry and conservation agriculture: Complementary practices for sustainable agriculture.* Documento presentado en el Segundo Congreso Mundial de Agrosilvicultura, Nairobi, agosto 2009. Roma.

23. Kassam, A., Stoop, W. y Uphoff, N. 2011. Review of SRI modifications in rice crop and water management and research issues for making further improvements in agricultural and water productivity. *Paddy and water environment,* 9.

Capítulo 3: La salud del suelo

1. Hettelingh, J.P., Slootweg, J. y Posch, M., eds. 2008. *Critical load, dynamic modeling and impact assessment in Europe: CCE Status Report 2008.* Los Países Bajos, Netherlands Environmental Assessment Agency.

2. Cassman, K.G., Olk, D.C. y Dobermann, A., eds. 1997. Scientific evidence of yield and productivity declines in irrigated rice systems of tropical Asia. *International Rice Commission Newsletter,* 46. Roma, FAO.

3. de Ridder, N., Breman, H., van Keulen, H. y Stomph, T.J. 2004. Revisiting a "cure against land hunger": Soil fertility management and farming systems dynamics in the West Africa Sahel. *Agric. Syst.,* 80(2): 109–131.

4. Fermont, A.M., van Asten, P.J.A., Tittonell, P., van Wijk, M.T. y Giller, K.E. 2009. Closing the cassava yield gap: An analysis from smallholder farms in East Africa. *Field Crops Research,* 112: 24-36.

5. Howeler, R.H. 2002. Cassava mineral nutrition and fertilization. *En* R.J. Hillocks, M.J. Thresh y A.C. Bellotti, eds. *Cassava: Biology, production and utilization,* pp. 115-147. Wallingford, Reino Unido, CABI Publishing.

6. Allen, R.C. 2008. The nitrogen hypothesis and the English agricultural revolution: A biological analysis. *The Journal of Economic History,* 68: 182-210.

7. FAO. 2011. Base de datos estadísticos FAOSTAT (http://faostat.fao.org/).

8. Jenkinson, D.S. Department of Soil Science, Rothamsted Research. Interview with BBC World. 6 de noviembre de 2010.

9. Miao, Y., Stewart, B.A. y Zhang, F.S. 2011. Long-term experiments for sustainable nutrient management in China. A review. *Agron. Sustain. Dev.* (En prensa)

10. Bot, A. y Benites, J. 2005. *The importance of soil organic matter: Key to drought-resistant soil and sustained food and production.* Boletín de Suelos de la FAO n.° 80. Roma.

11. Dudal, R. y Roy, R.N. 1995. *Integrated plant nutrition systems.* FAO Fertilizer and Plant Nutrition Bulletin n.° 12. Roma.

12. Roy, R.N., Finck, A., Blair, G.J. y Tandon, H.L.S. 2006. *Plant nutrition for food security A guide for integrated nutrient management.* FAO Fertilizer and Plant Nutrition Bulletin 16. Roma.

13. Karlen, D.L., Mausbach, M.J., Doran, J.W., Cline, R.G., Harris, R.F. y Schuman, G.E. 1997. Soil quality: A concept, definition and framework for evaluation. *Soil Sci. Soc. Am. J.,* 61: 4-10.

14. USDA-NRCS. 2010. *Soil quality - Improving how your soil works* (http://soils.usda.gov/sqi/).

15. EU-JRC. 2006. *Bio-Bio project: Biodiversity-Bioindication to evaluate soil health,* por R.M. Cenci y F. Sena, eds. Institute for Environment and Sustainability. EUR, 22245.

16. Kinyangi, J. 2007. *Soil health and soil quality: A review.* Ithaca, EE.UU., Universidad de Cornell. (mimeo)

17. Vanlauwe, B., Bationo, A., Chianu, J., Giller, K.E., Merckx, R., Mokwunye, U., Ohiokpehai, O., Pypers, P., Tabo, R., Shepherd, K.D., Smaling, E.M.A., Woomer, P.L. y Sanginga, N. 2010. Integrated soil fertility management - Operational definition and consequences for implementation and dissemination. *Outlook on Agriculture,* 39:17-24.

18. Bationo, A. 2009. Soil fertility – Paradigm shift through collective action. *Knowledge for development – Observatory on science and technology* (http://knowledge.cta.int/en/Dossiers/Demanding-Innovation/Soil-health/Articles/Soil-Fertility-Paradigm-shift-through-collective-action).

19. IFDC. 2011. *Integrated soil fertility management* (www.ifdc.org/getdoc/1644daf2-5b36-4191-9a88-ca8a4aab93cb/ISFM).

20. Rodale Institute. *Soils* (http://rodaleinstitute.org/course/M2/1).

21. FAO. 2008. An international technical workshop Investing in sustainable crop intensification: The case for improving soil health, FAO, Roma: 22-24 de julio de 2008. *Integrated Crop Management,* 6(2008). Roma.

22. Weber, G. 1996. Legume-based technologies for African savannas: Challenges for research and development. *Biological Agriculture and Horticulture,* 13: 309-333.

23. Chabi-Olaye, A., Nolte, C., Schulthess, F. y Borgemeister, C. 2006. Relationships of soil fertility and stem borers damage to yield in maize-based cropping system in Cameroon. *Ann. Soc. Entomol. (N.S.),* 42(3-4): 471-479.

24. Giller, K.E., Beare, M.H., Lavelle, P., Izac, A. y Swift, M.J. 1997. Agricultural intensification, soil biodiversity and agroecosystem function. *Applied Soil Ecology*, 6: 3-16.

25. Sanchez, P.A., Shepherd, K.D., Soule, M.J., Place, F.M., Buresh, R.J., Izac, A.-M.N., Mokwunye, A.U., Kwesiga, F.R., Ndiritu, C.G. y Woomer, P.L. 1997. Soil fertility replenishment in Africa: An investment. *En* R.J. Buresh, P.A. Sanchez y F. Calhoun, eds. *Replenishing soil fertility in Africa: Proceedings of an international symposium, 6 November 1996*, pp. 1-46. Madison y Indianapolis, EE.UU., Soil Science Society of America Inc.

26. Sanginga, N. y Woomer, P.L. 2009. *Integrated soil fertility management in Africa: Principles, practices, and developmental processes.* Nairobi, TSBF-CIAT.

27. Sanginga, N., Dashiell, K.E., Diels, J., Vanlauwe, B., Lyasse, O., Carsky, R.J., Tarawali, S., Asafo-Adjei, B., Menkir, A., Schulz, S., Singh, B.B., Chikoye, D., Keatinge, D. y Ortiz, R. 2003. Sustainable resource management coupled to resilient germplasm to provide new intensive cereal–grain–legume–livestock systems in the dry savanna. *Agriculture, Ecosystems and Environment*, 100: 305-314.

28. Sanchez, P.A. 2000. Linking climate change research with food security and poverty reduction in the topics. *Agriculture, Ecosystems and Environment*, 82: 371–383.

29. Garrity, D.P, Akinnifesi, F.K., Ajayi, O.C., Weldesemayat, S.G., Mowo, J.G., Kalinganire, A., Larwanou, M. y Bayala, J. 2010. Evergreen agriculture: A robust approach to sustainable food security in Africa. *Food Security*, 2: 197-214.

30. Dobermann, A. 2000. Future intensification of irrigated rice systems. *En* J.E. Sheehy, P.L. Mitchel, y B. Hardy, eds. *Re-designing rice photosynthesis to increase yield*, pp. 229-247. Makati, Filipinas y Amsterdam, IRRI / Elsevier.

31. Byrnes, B.H., Vlek, P.L.C. y Craswell, E.T. 1979. The promise and problems of super granules for rice fertilization. *En* S. Ahmed, H.P.M. Gunasena y Y.H. Yang, eds. *Proceedings: Final inputs review meeting, Honolulu, Hawaii, 20-24 August 1979*. Hawaii, East-West Center.

32. Craswell, E.T., De Datta, S.K., Obcemea, W.N. y Hartantyo, M. 1981. Time and mode of nitrogen fertilizer application. *Fertilizer Research*, 2: 247-259.

33. Rong-Ye, C. y Zhu Zhao Liang. 1982. Characteristics of the fate and efficiency of nitrogen in supergranules of urea. *Fertilizer Research*, 3: 63-71.

34. Roy, R.N. y Misra, R.V. 2003. Economic and environmental impact of improved nitrogen management in Asian rice. *En* FAO. *Sustainable rice production for food security. Proceedings of the 20th Session of the International Rice Commission. Bangkok, 23-26 de julio de 2002.* Roma.

35. Thomas, J. y Prasad, R. 1982. On the nature of mechanism responsible for the higher efficiency for urea super granules for rice. *Plant and Soil*, 69: 127-130.

36. Visocky, M. 2010. Fertilizer system revolutionizes rice farming in Bangladesh. *Frontlines*, 12(2010).

37. Peng, S., Buresh, R.J., Huang, J., Zhong, X., Zou, Y., Yang, J., Wang, G., Liu, Y., Hu, R., Tang, Q., Cui, K., Zhang, F.S. y Dobermann, A. 2010. Improving nitrogen fertilization in rice by site-specific N management. A review. *Agron. Sustain. Dev.*, 30(2010): 649–656.

38. Sachs, J., Remans, R., Smukler, S., Winowiecki, L., Sandy, J., Andelman, S.J., Cassman, K.G., Castle, L.D., DeFries, R., Denning, G., Fanzo, J., Jackson, L.E., Leemans, R., Lehmann, J., Milder, J.C., Naeem, S., Nziguheba, G., Palm, C.A., Pingali, P.L., Reganold, J.P., Richter, D.D., Scherr, S.J., Sircely, J., Sullivan, C., Tomich, T.P. y Sanchez, P.A. 2010. Monitoring the world's agriculture. *Nature*, 466: 558-560.

39. Steiner, K., Herweg, K. y Dumanski, J. 2000. Practical and cost-effective indicators and procedures for monitoring the impacts of rural development projects on land quality and sustainable land management. *Agriculture, Ecosystems and Environment*, 81: 147-154.

40. FAO. 2010. *Agricultura "climáticamente inteligente": Políticas, prácticas y financiación para la seguridad alimentaria, adaptación y mitigación.* Roma.

41. Dumanski, J. y Pieri, C. 2000. Land quality indicators: Research plan. *Agriculture, Ecosystems & Environment*, 81: 93-102.

42. Mutsaers, H.J.W. 2007. *Peasants, farmers and scientists.* Nueva York, EE.UU., Springer Verlag.

Capítulo 4: Cultivos y variedades

1. Fowler, C. y Hodgkin, T. 2004. Plant genetic resources for food and agriculture: Assessing global availability. *Annu. Rev. Envirn. Resour.*, 29: 143-79.

2. FAO. 2010. *The Second Report on the State of the World's Plant Genetic Resources for Food and Agriculture.* Roma.

3. Alexandrova, N. y Atanassov, A. 2010. *Agricultural biotechnologies in developing countries: Options and opportunities in crops, forestry, livestock, fisheries and agro-industry to face the challenges of food insecurity and climate change (ABDC-10).* Issue paper for the Regional session for Europe and Central Asia – Agricultural biotechnologies in Europe and Central Asia: New challenges and opportunities in a view of recent crises and climate change, Guadalajara, México, 1-4 de marzo de 2010.

4. FAO. 2009. *Declaración de la Cumbre Mundial sobre la Seguridad Alimentaria,16-18 de noviembre de 2009.* Roma.

5. FAO. 2009. *Tratado internacional sobre los recursos fitogenéticos para la alimentación y la agricultura: Un tratado mundial para la seguridad alimentaria y la agricultura sostenible.* Roma.

6. CDB. 2006. *Perspectiva mundial sobre la diversidad biológica 2.* Montreal, Canadá.

7. Moore, G. y Tymowski, W. 2005. *Explanatory guide to the International Treaty for Plant Genetic Resources for Food and Agriculture.* Gland, Suiza, Cambridge, Reino Unido y Bonn, Alemania, IUCN.

8. Jarvis, D., Hodgkin, T., Bhuwon, S., Fadda, C. y Lopez Noriega, I. 2011. *A heuristic framework for identifying multiple ways of supporting the conservation and use of traditional crop varieties within the agricultural production systems. Critical reviews in plant sciences.* (En prensa)

9. Hunter, D. y Heywood,V., eds. 2011. *Crop wild relatives. A manual of in situ conservation.* Londres, Bioversity International, Earthscan.

10. Street, K., Mackay, M., Zeuv, E., Kaul, N., El Bouhssine, M., Konopka, J. y Mitrofanova, O. 2008. *Swimming in the gene pool – A rational approach to exploiting large genetic resource collections. Proceedings 11th International Wheat Genetics Symposium, Brisbane.* Sídney, Sydney University Press.

11. Ceccarelli, S., Grando, S., Shevstov, V., Vivar, H., Yayaoui, A., El-Bhoussini, M., y Baum, M. 2001. *The ICARDA strategy for global barley improvement.* Aleppo, Siria, ICARDA.

12. Lipper, L., Anderson, C.L. y Dalton, T.J., eds. 2010. *Seed trade in rural markets: Implications for crop diversity and agricultural development.* Roma, FAO y Londres, Earthscan.

Capítulo 5: Gestión del agua

1. IIASA/FAO. 2010. *Global agro-ecological zones (GAEZ v3.0).* Laxenburg, Austria, IIASA y Roma, FAO.

2. French, R.J. y Schultz, J.E. 1984. Water use efficiency of wheat in a Mediterranean type environment. I: The relation between yield, water use and climate. *Australian Journal of Agricultural Research,* 35(6): 743–764.

3. Sadras, V.O. y Angus, J.F., 2006. Benchmarking water use efficiency of rainfed wheat in dry environments. *Australian Journal of Agricultural Research,* 57: 847–856.

4. PNUD. 2006. *Informe de desarrollo humano 2006.* Nueva York, EE.UU.

5. Wani, S.P., Rockstrom, J. y Oweis, T., eds. 2009. Rainfed agriculture: Unlocking the potential. *Comprehensive Assessment of Water Management in Agriculture 7.* Wallingford, Reino Unido, CABI Publishing.

6. FAO. 2011. Base de datos estadísticos AQUASTAT (www.fao.org/nr/water/aquastat/main/index.stm).

7. Perry, C., Steduto, P., Allen, R. y Burt, C. 2009. Increasing productivity in irrigated agriculture: Agronomic constraints and hydrological realities. *Agricultural Water Management,* 96(2009): 1517–1524.

8. Batchelor, C., Singh, A., Rama Rao, M.S. y Butterworth, J. 2005. *Mitigating the potential unintended impacts of water harvesting.* Reino Unido, Department for International Development.

9. Liniger, H.P., Mekdaschi Studer, R., Hauert, C. y Gurtner, M. 2011. *Sustainable land management in practice – Guidelines and best practices for Sub-Saharan Africa.* Roma, TerrAfrica, WOCAT y FAO.

10. FAO. 2002. *Deficit irrigation practices.* Water reports No. 32, 51: 87-92.

11. Oweis, T., Hachum, A. y Kijne, J. 1999. *Water harvesting and supplemental irrigation for improved water use efficiency in dry areas.* SWIM Paper 7. Colombo, Sri Lanka, ICARDA/IMWI.

12. ICARDA. 2010. *ICARDA Annual Report 2009.* Aleppo, Siria.

13. FAO. 2010. *Mapping systems and service for multiple uses in Fenhe irrigation district, Shanxi Province, China.* Roma.

Capítulo 6: Protección fitosanitaria

1. Rana, S. 2010. *Global agrochemical market back in growth mode in 2010.* Agrow (www.agrow.com).

2. Lewis, W.J., van Lenteren, J.C., Phatak, S.C. y Tumlinson, III, J.H. 1997. A total system approach to sustainable pest management. *Proc. Natl. Acad. Sci.,* 94(1997): 12243–12248.

3. Wood, B.J. 2002. Pest control in Malaysia's perennial crops: A half century perspective tracking the pathway to integrated pest management. *Integrated Pest Management Reviews,* 7: 173-190.

4. Pimentel, D. y Levitan, L. 1986. Pesticides: Amounts applied and amounts reaching pests. *BioScience,* 36(2): 86-91.

5. Stern, V.M., Smith, R.F., van den Bosch, R. y Hagen, K.S. 1959. The integrated control concept. *Hilgardia,* 29: 81-101.

6. FAO. 1966. *Actas del Simposio de la FAO sobre la lucha integrada contra las plagas, Roma, 1965.* Roma, FAO.

7. Smith, R.F. y Doutt, R.L. 1971. The pesticide syndrome–diagnosis and suggested prophylaxis. *En* C.B. Huffaker, ed. *Biological Control. AAAS Symposium Proceedings on Biological Control, Boston, December 1969,* pp. 331-345. Nueva York, Plenum Press.

8. IAASTD. 2009. *Agriculture at the crossroads,* por B.D. McIntyre, H.R. Herren, J. Wakhungu y R.T. Watson, eds. Washington, DC.

9. Way, M.J. y Heong, K.L. 1994. The role of biodiversity in the dynamics and management of insect pests of tropical irrigated rice: A review. *Bulletin of Entomological Research,* 84: 567-587.

10. Gallagher, K., Ooi, P., Mew, T., Borromeo, E., Kenmore, P.E. y Ketelaar, J. 2005. Ecological basis for low-toxicity: Integrated pest management (IPM) in rice and vegetables. *En* J. Pretty, ed. *The Pesticide Detox,* pp. 116-134. Londres, Earthscan.

11. Catindig, J.L.A., Arida, G.S., Baehaki, S.E., Bentur, J.S., Cuong, L.Q., Norowi, M., Rattanakarn, W., Sriratanasak, W., Xia, J. y Lu, Z. 2009. *En* K.L. Heong y B. Hardy, eds. *Planthoppers: New threats to the sustainability of intensive rice production systems in Asia,* pp.191- 220, 221-231. Los Baños, Filipinas, IRRI.

12. Neuenschwander, P. 2001. Biological control of the cassava mealybug in Africa: A review. *Biological Control,* 21(3): 214-229.

13. Bellotti, A.C., Braun, A.R., Arias, B., Castillo, J.A. y Guerrero, J.M. 1994. Origin and management of neotropical cassava arthropod pests. *African Crop Science Journal*, 2(4): 407- 417.

14. Luttrell, R.G., Fitt, G.P., Ramalho, F.S. y Sugonyaev, E.S. 1994. Cotton pest management: Part 1. A worldwide perspective. *Annual Review of Entomology*, 39: 517-526.

15. Bove, J.M. 2006. Huanglongbing: A destructive, newly-emerging, century-old disease of citrus. *Journal of Plant Pathology*, 88(1): 7-37.

16. Gottwald, T.R. 2010. Current epidemiological understanding of Citrus Huanglongbing. *Annual Review of Phytopathology*, 48: 119-139.

17. Gilbertson, R.L. 2006. *Integrated pest management of tomato virus diseases in West Africa* (www.intpdn.org/files/IPM Tomato Bob Gilbertson UC Davis.pdf).

18. Guillon, M. 2004. *Current world situation on acceptance and marketing of biological control agents (BCAS).* Pau, Francia, International Biocontrol Manufacturer's Association.

Capítulo 7: Políticas e instituciones

1. Pingali, P. y Raney, T. 2005. *Entre la revolución verde y la revolución genética: ¿cómo será la evolución para los pobres?* ESA Documento de trabajo n.º 05-09. Roma, FAO.

2. Pingali, P. y Traxler, G. 2002. *Changing locus of agricultural research: Will the poor benefit from biotechnology and privatization trends.* Food Policy, 27: 223-238.

3. Beintema, N.M. y Stads, G.J. 2010. *Public agricultural R&D investments and capacities in developing countries: Recent evidence for 2000 and beyond.* Nota elaborada para GCARD 2010.

4. Crawford, E., Kelley, V., Jayne, T. y Howard, J. 2003. *Input use and market development in Sub-Saharan Africa: An overview.* Food Policy, 28(4): 277-292.

5. Banco Mundial. 2007. *Informe sobre el desarrollo mundial 2008.* Washington, DC, Banco Internacional de Reconstrucción y Fomento y Banco Mundial.

6. De Schutter, O. 2010. *Addressing concentration in food supply chains: The role of competition law in tackling the abuse of buyer power.* UN Special Rapporteur on the right to food, Briefing note 03. Nueva York, EE.UU.

7. Humphrey, J. y Memedovic, O. 2006. *Global value chains in the agrifood sector.* Vienna, ONUDI.

8. IAASTD. 2009. *Agriculture at the crossroads,* por B.D. McIntyre, H.R. Herren, J. Wakhungu y R.T. Watson, eds. Washington, DC.

9. Alexandratos, N. 2010. *Expert meeting on "Feeding the World in 2050". Critical evaluation of selected projections.* Roma, FAO. (mimeo)

10. IFPRI. 2010. *Éxitos demostrados en desarrollo agrícola: Una mirada al Proyecto Millions Fed,* por D.J. Spielman y R. Pandya-Lorch, eds. Washington, DC.

11. Fischer, R.A., Byerlee, D. y Edmeades, G.O. 2009. *Can technology deliver on the yield challenge to 2050?* Documento presentado en el Foro de Expertos de Alto Nivel de la FAO sobre como alimentar al mundo en 2050, 24–26 de junio de 2009. Roma, FAO.

12. FAO. 2010. *Agricultura "climáticamente inteligente": Políticas, prácticas y financiación para la seguridad alimentaria, adaptación y mitigación.* Roma.

13. FAO. 2009. *Food security and agricultural mitigation in developing countries: Options for capturing synergies.* Roma.

14. Hazell, P. y Fan, S. 2003. *Agricultural growth, poverty reduction and agro-ecological zones in India: An ecological fallacy?* Food Policy, 28(5-6): 433-436.

15. CDB. 2010. *Perverse incentives and their removal or mitigation* (www.cbd.int/incentives/perverse.shtml).

16. PNUMA/IIDS. 2000. *Environment and trade: A handbook.* Canadá, IIDS.

17. OCDE. 2003. *Perverse incentives in biodiversity loss.* Documento presentado en la Novena Reunión del Organo Subsidiario de Asesoramiento Científico, Técnico y Tecnológico (SBSTTA 9). París.

18. Rhodes, D. y Novis, J. 2002. *The impact of incentives on the development of plantation forest resources in New Zealand.* Documento de información n.º 45. Ministerio de Agricultura y Silvicultura de Nueva Zelandia.

19. DNR. 2008. *Environmental harmful subsidies - A threat to biodiversity.* Múnich, Alemania.

20. FAO. 2010. *La volatilidad de precios en los mercados agrícolas: Evidencia, efectos en la seguridad alimentaria y respuestas normativas.* Perspectivas Económicas y Sociales Informes de Política n.º 12. Roma.

21. FAO. 2009. *Alimentar al mundo, erradicar el hambre.* Documento de antecedentes de la Cumbre Mundial sobre la Seguridad Alimentaria, Roma, Noviembre 2009. Roma.

22. Ceccarelli, S. 1989. Wide adaptation. How wide? *Euphytica*, 40: 197-205.

23. Lipper, L., Anderson, C.L. y Dalton, T.J. 2009. *Seed trade in rural markets: Implications for crop diversity and agricultural development.* Roma, FAO y Londres, Earthscan.

24. TEEB. 2010. *The economics of ecosystems and biodiversity: Mainstreaming the economics of nature: A synthesis of the approach, conclusions and recommendations of TEEB.* Malta, Progress Press.

25. Wunder, S., Engel, S.Y. y Pagiola, S. 2008. Payments for environmental services in developing and developed countries. *Ecological economics*, 65(4): 663-852.

26. FAO. 2007. *El Estado Mundial de la Agricultura y la Alimentación 2007: Pagos a los agricultores por servicios ambientales.* Roma.

27. FAO. 2010. *El estado de la inseguridad alimentaria en el mundo: La inseguridad alimentaria en crisis prolongadas.* Roma.

28. GNHC. 2009. *10th five year plan 2008-2013*. Documento principal, vol. I. El Reino de Bhután.

29. Wilkes, A., Tan, J. y Mandula. 2010. The myth of community and sustainable grassland management in China. *Frontiers of Earth Science in China*, 4(1): 59–66.

30. Lipper, L. y Neves, B. 2011. Pagos por servicios ambientales: ¿qué papel ocupan en el desarrollo agrícola sostenible? *Revista Española de Estudios Agrosociales y Pesqueros*, 228(7-8): 55-86.

31. Donnelly, T. 2010. *A literature review on the relationship between property rights and investment incentives*. Roma, FAO. (mimeo)

32. Fitzpatrick, D. 2005. Best practice: Options for the legal recognition of customary tenure. *Development and Change*, 36(3): 449-475. DOI: 10.1111/j.0012-155X.2005.00419.x

33. FAO. 2010. *The Second Report on the State of the World's Plant Genetic Resources for Food and Agriculture*. Roma.

34. Piesse, J. y Thirtle, C. 2010. Agricultural R&D, technology and productivity. *Phil. Trans. R. Soc. B.*, 365(1554): 3035-3047.

35. Pardey, P.G., Beintema, N., Dehmer, S. y Wood, S. 2006. *Agricultural research: A growing global divide?* IFPRI Food Policy Report. Washington, DC, IFPRI.

36. Naciones Unidas. 2009. *Promoción y protección de los derechos humanos: Cuestiones de derechos humanos, incluidos otros medios de mejorar el goce efectivo de los derechos humanos y las libertades fundamentales*. (UN GA Doc A/64/170). Nueva York, EE.UU.

37. Wright, B.D., Pardey, P.G., Nottenberg, C. y Koo, B. 2007. Agricultural innovation: Investments and incentives. *En* R.E. Evenson y P. Pingali, eds. *Handbook of agricultural economics*, vol. 3. Amsterdam, Elsevier Science.

38. Helfer, L.H. 2004. *Intellectual property rights in plant varieties*. Roma, FAO.

39. GAT. 2010. *Transforming agricultural research for development*. Documento comicionado por el Foro Global de Investigación Agropecuaria (FGIA) como aporte para la Conferencia mundial sobre investigación agrícola para el desarrollo (GCARD), Montpellier, 28 – 31 de marzo de 2010.

40. Hazell, P., Poulton, C., Wiggins, S. y Dorward, A. 2007. *The future of small farms for poverty reduction and growth*. 2020 Documento de debate n.º 42. Washington, DC, IFPRI.

41. FIDA. 2010. *Informe sobre la pobreza rural 2011. Nuevas realidades, nuevos desafíos: Nuevas oportunidades para la generación del mañana*. Roma.

42. Scoones, I. y Thompson, J. 2009. *Farmer first revisited: Innovation for agricultural research and development*. Oxford, ITDG Publishing.

43. Shepherd, A.W. 2000. *Interpretación y Uso de la Información de Mercados*. Guías de extensión en comercialización, n.º 2. Roma, FAO.

44. FIDA/PMA. 2010. *The potential for scale and sustainability in weather index insurance for agriculture and rural livelihoods*, por P. Hazell, J. Anderson, N. Balzer, A. Hastrup Clemmensen, U. Hess y F. Rispoli. Roma.

45. Devereux, S. 2002. Can social safety nets reduce chronic poverty? *Development Policy Review*, 20(5): 657-675.

46. Ravallion, M. 2009. *Do poorer countries have less capacity for redistribution?* Policy Research Documento de trabajo n.º 5046. Washington, DC, Banco Mundial.

47. FAO. 2006. *Las directrices sobre el derecho a la alimentación: Documentos informativos y estudios de casos*. Roma.

48. Shepherd, A.W. 2007. *Approaches to linking producers to markets*. Agricultural Management, Marketing and Finance Occasional Paper, n.º 13. Roma, FAO.

49. Winters, P., Simmons, P. y Patrick, I. 2005. Evaluation of a hybrid seed contract between smallholders and a multinational company in East Java, Indonesia. *The Journal of Development Studies*, 41(1): 62–89.

50. Little, P.D. y Watts, M.J., eds. 1994. *Living under contract: Contract farming and agrarian transformation in Sub-Saharan Africa*. Madison, EE.UU., University of Wisconsin Press.

51. Berdegué, J., Balsevich, F., Flores, L. y Reardon, T. 2003. *Supermarkets and private standards for produce quality and safety in Central America: Development implications*. Informe para USAID bajo el proyecto RAISE/SPS, Universidad del Estado de Michigan y RIMISP.

52. Reardon, T., Timmer, C.P., Barrett, C.B. y Berdegué, J. 2003. The rise of supermarkets in Africa, Asia, and Latin America. *American Journal of Agricultural Economics*, 85(5): 1140-1146.

53. Johnson, N. y Berdegué, J.A. 2004. *Collective action and property rights for sustainable development: Property rights, collective action, and agribusiness*. IFPRI Informe de Política, 2004. Washington, DC.

54. Cavatassi, R., Gonzalez, M., Winters, P.C., Andrade-Piedra, J., Thiele, G. y Espinosa, P. 2010. *Linking smallholders to the new agricultural economy: The case of the Plataformas de Concertación in Ecuador*. ESA Documento de trabajo, n.º 09-06. Roma, FAO.

55. McCullogh, E.B., Pingali, P.L. y Stamoulis, K.G., eds. 2008. *The transformation of agri-food systems: Globalization, supply chains and smallholder farmers*. Roma, FAO y Londres, Earthscan.

56. Singh, S. 2002. Multi-national corporations and agricultural development: A study of contract farming in the Indian Punjab. *Journal of International Development*, 14: 181–194.

57. Dietrich, M. 1994. *Transaction cost economics and beyond: Towards a new economics of the firm*. Londres, Routledge.

Abreviaturas

CDB Convenio sobre la Diversidad Biológica

CE Comisión Europea

CMNUCC Convención Marco de las Naciones Unidas sobre el Cambio Climático

DNR Deutscher Naturschutzring

DPI derechos de propiedad intelectual

FAO Organización de las Naciones Unidas para la Agricultura y la Alimentación

FIDA Fondo Internacional de Desarrollo Agrícola

GAT Global Authors' Team

GCIAI Grupo Consultivo sobre Investigación Agrícola Internacional

GNFU gestión de nutrientes en función de la ubicación

GNHC Gross National Happiness Commission

ha hectárea

I+D investigación y desarrollo

IAASTD Evaluación internacional del conocimiento, ciencia y tecnología en el desarrollo agrícola

ICARDA Centro internacional de investigación agrícola en las zonas secas

ICRAF Centro Mundial de Agrosilvicultura

IFDC Centro internacional de promoción de los fertilizantes

IFPRI Instituto Internacional de Investigación sobre Políticas Alimentarias

IITA Instituto Internacional de Agricultura Tropical

IPCC Grupo Intergubernamental de Expertos sobre el Cambio Climático

IRRI Instituto Internacional de Investigaciones sobre el Arroz

ISPA intensificación sostenible de la producción agrícola

MIP manejo integrado de plagas

N nitrógeno

N_2O óxido nitroso

OCDE Organización para la Cooperación y el Desarrollo Económicos

OIEA Organismo Internacional de Energía Atómica

OMC Organización Mundial del Comercio

ONG organización no gubernamental

P fósforo

PMA Programa Mundial de Alimentos

PNUD Programa de las Naciones Unidas para el Desarrollo

PNUMA Programa de las Naciones Unidas para el Medio Ambiente

PSA pago por servicios ambientales

RFAA recursos fitogenéticos para la alimentación y la agricultura

RDR riego deficitario regulado

SGU supergránulos de urea

t toneladas

TEEB The Economics of Ecosystems and Biodiversity

TIRFAA Tratado Internacional sobre los Recursos Fitogenéticos para la Alimentación y la Agricultura

UPOV Unión Internacional para la Protección de las Obtenciones Vegetales